남침땅굴 탐사 45년

남침땅굴 탐사 45년

초판1쇄 발행 2020년 8월 25일

지은이 이종창 신부
편집인 오신우
펴낸이 이길안
펴낸곳 세종출판사

주소 부산광역시 중구 흑교로 71번길 12 (보수동2가)
전화 463－5898, 253－2213~5
팩스 248－4880
전자우편 sjpl5898@daum.net
출판등록 제02-01-96

저자연락처 010-9612-1478, (055) 296-1478
　　　　　　농협계좌번호 : 807061-52-168107
　　　　　　예금주 : 이종창

ISBN　979-11-5979-371-4　03980

정가 15,000원

이 도서의 국립중앙도서관 출판예정도서목록(CIP)은 서지정보유통지원시스템 홈페이지
(http://seoji.nl.go.kr)와 국가자료공동목록시스템(http://www.nl.go.kr/kolisnet)에서
이용하실 수 있습니다. (CIP제어번호 : 2020031813)

남침땅굴 탐사 45년

이종창 신부 著

세종출판사

남침땅굴의 분포 – 북측 입구 기준 총 22

장거리(16) + 단거리(4, 국방부 발견; ①②③④)
+ 위장용 가짜 (2, 이종창 신부 발견; ⑤ ⑥)

5/①호선
9/②호선
3/③호선
④호선

남침땅굴의·번호는·서쪽에서의·일련번호
붉온·선온·2008년·이후·발견한·남침땅굴

굴):	연천국 고랑포	1974.11.15.	발견 3.5km / 1km (휴전선 남방 침투 길이)			
굴):	철원군 북방	1975. 3.19.	발견 3.5km / 1.1km (	〃	)	
굴):	파주군 도사산	1978.10.17.	발견 1.6km / 0.435m (	〃	)	
굴):	양구군 북방	1990. 3. 3.	발견 1.6km / 1.028km (	〃	)	

★ 표시된 남침땅굴은
저자가 확인한 것

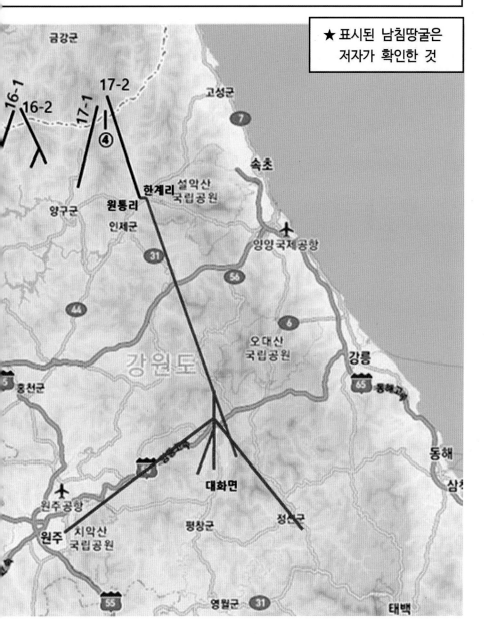

서울시내 남침땅굴 현황

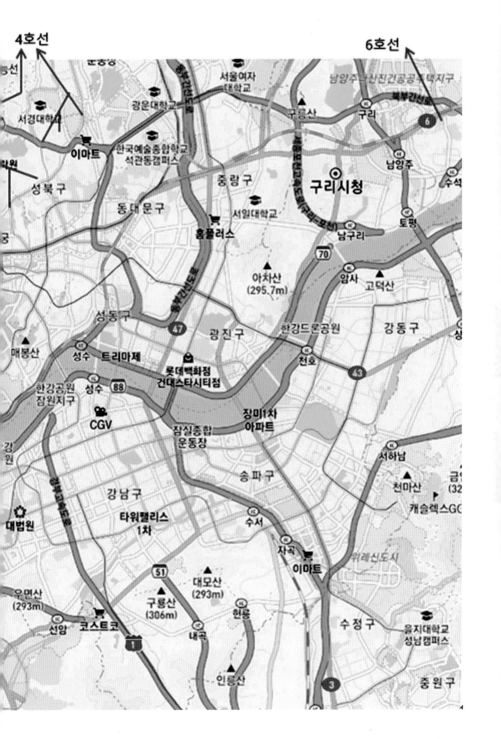

책을 펴내면서

1974년 12월 2일 경기도 파주시 광탄면에 있는 1사단의 요청으로, 저자가 제3땅굴 지역을 탐사하기 시작한 때가 어제 같은데 어언 45년이 지났다. 작년에는 2019년 6월 4일과 21일 서울역 후문 부근 손기정체육공원의 축구장 옆 어린이놀이터와 인근 경기여상 후문에서 남침땅굴의 출구 예상 지점 3개를 찾아냈는데, 마침 그 지점에는 수십 년 된 소나무가 마르고 있었다. 이들 출구는 남침땅굴 2호선이 이화여대의 동북단에 위치한 이화학당(이대행정관)에서 분기해서 서울역 방향의 지선枝線이 청파어린공원에서 다시 손기정체육공원으로 뻗어서 출구 3개를 뚫는 것만 남겨 놓고 있다.

이것은 남침땅굴 2호선의 일부일 뿐이고, 의정부에서 정릉을 거쳐 창경원·비원 및 총리공관·청와대 등으로 향하는 남침땅굴 4호선의 수많은 출구용 지선 역시 지하 3~4m의 최종 굴착만 남겨 둔 상태로, 이제 그들이 원하는 지점에서 D-day 직전에 출구를 뚫을 일만 남겨 둔 상태로 보인다.

수많은 남침땅굴의 출구는 은폐하기 쉬운 공원의 숲이나, 또는 지하철로 이동하기 쉬운 목적지일 경우에는 출구용 지선을 지하철역의 터널 벽까지 굴착해서, D-day에 콤파운드 폭약으로 가볍게 발파할 일만 남은 상태로, 이것은 90년대 말 이래 간첩들에 의해 서울지하철의 노선설계도가 북한으로 빼돌려진 사건으로도 쉽게 유추할 수 있다. 그리고 보다 편리한 출구는 고정간첩이 관할하는 큰 시설이나 빌딩의 깊은 지하실인데, 이는 좁고 급경사의 최종 땅굴을 거치지 않고 대량의 북한 특수군이 나올 수 있기 때문이다.

1990년 3월 3일 위장 땅굴인 제4땅굴(2,052m)을 (83년 위장귀순을 했다가 2000년 중국 경유 월북한 신중철 북한군 대위의 제보 7년 후에) 발견한 후 국방부가 발견한 땅굴은 하나도 없다. 그러나 민간 탐사자들이 꾸준히 수많은 땅굴을 발굴해 왔는데도, 정치권은 여전히 장거리 남침땅굴의 존재 자체를 믿지 않고, 국방부는 '천마산 얼음 깨지는 소리'라거나 '땅굴이 아닌 지하 농업수로'라는 등 터무니없는 궤변으로 이들을 부인하거나 은폐해 왔다.

이제 고령에다 오랜 지병으로 건강이 매우 나쁜 저자는, 2008년 5월에 출간한 『땅굴탐사 33년 총정리』이후의 탐사에서 발견하거나 새롭게 밝힌 사실을 정리해야 할 때라 생각하고 『남침땅굴 탐사 45년』을 출간하게 되었다. 이로써 저자는 이처럼 통탄할 나라의 안보위기 상황에서도 무사태평인 대다수 국민들이 크게 깨어나기를 바라는 한편, 저자의 피와 땀으로 이루어진 필생의 기록을 출간하도록 도와주신 분들의 애국심에 심심한 경의를 표한다.

끝으로 이제는 하느님께서 남북분단을 남북통일의 축복으로 해결해 주시기를 기도하면서, 이제까지 저자의 탐사 결과와 수많은 양심선언과 진정서에 대해 부정으로 일관하면서 저자를 감시해 온 듯한 국방부 관계 기관에 대한 불만이 저자의 오해가 되기를 바라 마지않는다.

2020년 7월 하순

신부 이 종 창

일러두기

▌총괄

1. 이 책은 저자가 직접 확인한 남침 땅굴만의 기록이므로, 직접 확인하지 못한 것이 있을 수 있음.

2. 이 책은 2008.5.8 출간된 『땅굴탐사 33년 총정리』의 후속편이므로, 2008년 2월 이후의 탐사를 위주로 하고 그 이전의 탐사는 『땅굴탐사 33년 총정리』에서 발췌해서 제4부에 수록.

3. 남침땅굴 번호(1, 2, 3 …)는 저자가 서쪽에서부터 붙인 일련번호이나, 인근 남침땅굴 굴착의 보호를 위한 위장용 땅굴(⑤⑥)은 제외됨.

4. 『땅굴탐사 33년 총정리』의 16호선과 17호선은 각각 2개의 남침땅굴로 구성되어 있으나, 시작점이 지역적으로 매우 가까워 별도의 번호를 붙이지 않았다. 그러나 2쌍의 땅굴은 시작점의 위치와 깊이가 다른 엄연한 별개의 땅굴이므로 이번 책에서는 혼선을 줄이기 위해 16-1, 16-2, 17-1, 17-2호선으로 호칭함.

5. 현재까지 공인된 제1~4땅굴은 발견 순서에 따른 일련번호(①~④)를 병기하지만, 제4땅굴의 경우에는 혼선을 피하기 위해 앞선 저서 『땅굴탐사 33년 총정리』에 따라 일련번호가 없음.

6. 남침땅굴은 본선(Main Tunnel)이든 분기한 지선(Branch Tunnel)이든 모두 대략 폭 2m × 높이 2m에, 1km 당 3~4m의 경사이나, 지상 출구용 최종 지선의 경우에는 폭과 경사가 더 좁고 급할 수 있음.

7. 남침땅굴의 굴착 중 또는 후, 발견되어 시추되거나 지하 장애물이 있을 경우에는 역대책으로 해당 부분의 땅굴을 되메우고 우회땅굴을 만듦. 예, 양주시 광사동, 청파동→서울역→동자공원, 포천 기갑여단 주둔지, 등.

8. 지상 출구용 최종 지선의 경우 반드시 2개의 출구를 내기 위해 지하 약 10m에서 ─〈형으로 분기하고, 분기 직전에는 3갈래의 다목적 공간 (↓), 즉 창고땅굴(각각 폭 2m 길이 20m 이상)을 배치.

9. 남침땅굴은 목적지까지 거리에 따라 시작점의 깊이가 정해지므로, 굴착 도중 더 먼 목적지로 변경하는 데는 한계가 있음.

10. GPS좌표의 위도 또는 경도의 분 또는 초를 표기 하지 않은 것(예, 37° 34' --.--" 또는 126° 59' --.--")은 저자의 시력 불량으로 GPS단말기를 오독誤讀하거나 옮겨 쓰는 과정의 오기로 삭제한 숫자.

▌ 도면

1. 별도의 표기가 없는 한, 모든 도면은 上下 左右가 정확한 北南 西東의 방향.

2. GPS(Global Positioning System) 좌표(북위, 동경)을 도, 분, 초로 표기.

3. 실선: 존재하는 남침땅굴
   점선: 역대책逆對策으로 되메우기를 한 땅굴

4. 남침땅굴 각 호선의 상세 도면에서
   검은 선: 『땅굴탐사 33년 총정리』에 수록된 남침땅굴,
   붉은 선: 『땅굴탐사 33년 총정리』이후 탐사한 남침땅굴.
   파란 선: 땅굴이 교차하는 경우, 분별하기 위해 한정적으로 표시.

5. 검은 선의 시추 및 탐사는 『땅굴탐사 33년 총정리』에서 발췌해서
   제4부에 수록.

6. —<   : 모든 지선(Branch Tunnel)은 지표에 예상 출구를 내기
   위해 두 갈래로 분기함.

7. ↘→   : 땅굴이 분기하기 전에 3갈래의 다용도 공간
   (일명, 창고땅굴, 각각 폭 2m, 길이 20m)

8. •— —○— : 남침땅굴의 시추 또는 굴착 지점.

9. —<   : 예상 출구를 내기 위해 분기한 2개의 최종 지선을 확인한
   탐사 지점.

10. —•— , —< : 등의 기호가 없는 경우에도 반드시 다우징 탐사를 했음
    (GPS 좌표 참조).

▌지하 공간의 공기반응

1. 지하에 공간이 존재하면 지표에 공기 반응이 나타나며, 반응의 폭과
   세기로 공간 내의 상태를 탐지.

2. 지하공간의 공기반응은 오랜 경험에서 개발된 저자 고유의 심령탐사
   방법으로 지하공간에 몇 사람이 있는지, 지하공간에 환기가 되고 있는지도
   탐지 가능.

3. 시추기의 압축공기가 나오는 땅밑 토출구의 지표면에서의 공기반응은
   폭이 큼.

4. 공기반응은 저자가 폭과 세기로 느끼지만, 편의상 숫자로 표기.

5. 공기반응의 폭인 경우, 즉 #4 이하(공간에 사람 없음), #8(1명), #12(2명), #15(3명),……#33(7명)

6. 심령탐사로써 지하수의 수량과 온천수의 온도까지 탐지 가능.
   (1997년 출간 졸저 『과학적인 심령탐사』 참조)

목차

- 남침땅굴의 분포도 __ 4
- 서울시내 남침땅굴 현황도 __ 6
- 책을 펴내면서 __ 8
- 일러두기 __ 10

제1부 남침땅굴 탐사 내력 • 19

1. 땅굴탐사의 원리 및 정확도 ······························· 20
   ★육군본부의 땅굴탐사 테스트에서 100% 적중 ················ 22
2. 저자의 남침땅굴 탐사 45년 ····························· 25
   가) 1974.12.3 이후 33년간의 탐사 ···················· 25
   나) 2008년 이후 12년간의 탐사 ······················ 26
3. 남침땅굴의 탐사 과정 ································· 27
   ★국내 땅굴 탐사에 대한 저자의 견해 ······················ 28
4. 남침땅굴의 설계 요약 ································· 30
5. 남침땅굴의 분포 현황 ································· 32
6. 탐사하지 못한 의심스러운 지역 ······················· 35
7. 위장용 단거리 가짜 땅굴 ······························· 36

제2부 땅굴탐사에서 겪은 진실과 거짓 • 41

1. 북한 GP 앞 80m의 오싹한 탐사 ················· 42

2. 산골짜기를 울리는 지하 폭파음과 기계소리 ·············· 43

3. 육군본부 탐사과장을 꾸짖는 전방 사단장 ·············· 44

4. 깊은 땅밑에서 계속 숨바꼭질하는 북한군 ············· 46

5. 주방 뒤 골짜기의 폭파음에 놀란 군인들 ·············· 47

6. 남침땅굴의 확인은 왜 어려울까? ················ 48

7. 신부의 땅굴탐사가 못마땅한 주교 ··············· 52

8. 우리 군대의 약점 – 복마전 ················· 56

9. 육본 탐사과장 및 국방부 정보과장과의 대립 ··········· 61

10. 다시 7사단에서 땅굴탐사 요청 ··············· 64

11. 탐사와 시추로써 땅굴을 은폐하는 세력 ············· 66

제3부 2008년 이후 땅굴탐사 • 71

남침땅굴 1호선 ······················ 72

남침땅굴 2호선 ······················ 79

★서울역 후문(청파어린이공원) 땅굴 좌우 측 출구 탐사 ········ 91

★개봉3동 403-91번지에서 지하 폭파음 청취 ·········· 95

★에이스하이엔드타워 지하로 지나가는 땅굴 ·········· 97

남침땅굴 4호선 ······················ 99

★창경궁 및 창덕궁 내 남침땅굴 탐사 일지 ··········· 108

남침땅굴 6호선 ·· 110

   ★필자가 남침땅굴 6호선을 탐사하게 된 계기 ················ 111

   ★남양주시 화도읍 천마주택 지하의 폭파음 ················ 113

   ★양주시 광사동 235-3번지 탐사 경위 및 결과 ··········· 116

   ★남양주시 지금동 국제교회 지하 소음 ······················ 117

남침땅굴 10호선 ··· 118

   ♣포천시 영북면 기갑여단 주둔지 땅굴탐사 계기 ········· 122

   ★기갑여단 주둔지 땅굴탐사 일지 ···························· 123

   ★기갑여단 주둔지에서 땅굴 천공 결과(저자가 지정한 지점) ·········· 126

   ★기갑여단 주둔지 땅굴탐사 및 천공 결과에 대한 회의 ········ 129

남침땅굴 17-2호선 ··· 132

   ★평창 산골 외딴집(대화면 대화3리) 지하의 기계음 ········· 138

제4부 『땅굴탐사 33년 총정리』 요약 • 143

가) 남침땅굴 1호선 ··· 144

나) 남침땅굴 2호선 ··· 152

다) 남침땅굴 4호선 ··· 166

라) 남침땅굴 6호선 ··· 171

마) 남침땅굴 7, 8호선 ··· 186

바) 남침땅굴 10호선 ··· 189

사) 남침땅굴 11호선 ··· 191

아) 남침땅굴 12호선 ··· 193

자) 남침땅굴 13, 14호선 ··· 196

차) 남침땅굴 15호선 ‥‥‥‥‥‥‥‥‥‥‥‥‥‥‥‥‥‥‥‥ 201

카) 남침땅굴 16호선 ‥‥‥‥‥‥‥‥‥‥‥‥‥‥‥‥‥‥‥‥ 205

파) 남침땅굴 17호선 ‥‥‥‥‥‥‥‥‥‥‥‥‥‥‥‥‥‥‥‥ 206

부 록 • 211

1. 외국에서 석유 및 가스 탐사 경험 ‥‥‥‥‥‥‥‥‥‥‥ 212

　제1절 브루나이 및 필리핀에서 탐사 ‥‥‥‥‥‥‥‥‥‥‥ 212

　제2절 남미 에콰도르에서 석유탐사 ‥‥‥‥‥‥‥‥‥‥‥ 220

　제3절 미국에서 석유탐사 ‥‥‥‥‥‥‥‥‥‥‥‥‥‥‥ 226

2. 국내 석유 및 가스 반응 지역 ‥‥‥‥‥‥‥‥‥‥‥‥ 231

　제1절 서해 및 제주도–전남 해안 유전 반응 ‥‥‥‥‥‥‥ 231

　제2절 동남해안 및 동해 유전/가스전 반응 ‥‥‥‥‥‥‥‥ 239

3. 국내외의 금광 반응 지역 ‥‥‥‥‥‥‥‥‥‥‥‥‥‥ 246

4. 땅굴 관련 양심선언서, 진정서 및 민원답신 ‥‥‥‥‥‥ 250

• 에필로그 __ 262

제 1 부
남침땅굴 탐사 내력

1. 땅굴탐사의 원리 및 정확도
   ★육군본부 테스트에서 100% 적중

2. 저자의 남침땅굴 탐사 45년
   가) 1974.12.3 이후 33년간의 탐사
   나) 2008년 이후 12년간의 탐사

3. 남침땅굴의 탐사 과정
   ★국내 땅굴 탐사에 대한 저자의 견해

4. 남침땅굴의 설계 요약
5. 남침땅굴의 분포 현황
6. 탐사하지 못한 의심스러운 지역
7. 위장용 단거리 가짜 땅굴

1. 땅굴탐사의 원리 및 정확도

탐사는 현지 주민 또는 전방 군부대가 신고한 지하의 소리에서 출발하는데, 탐사공을 시추하기 전에 우선 적용하는 기술이 가장 손쉬운 심령막대 탐사 즉 다우징(Dowsing)이다. 이것은 프랑스를 비롯한 유럽 선진국에서 수백 년 전부터 수맥·지하동공·유전 탐사 등에 활용해 온 기술이며, 남침땅굴의 탐사에서도 그 신뢰성이 수없이 입증되었다. 심령탐사란 지하 깊은 곳이라도, 빈 공간 또는 주변 암석과 다른 밀도의 가스, 물 또는 기름이 있을 경우에는 지표에 그 반응이 나타나게 되는데, 인간의 텔레파시(Telepathy) 감응으로 그 반응을 탐지하는 기술이다.

다시 말하면, 다우징이란 가느다란 막대나 추 같은 도구를 이용하는 것으로, 사람에 따라 그 숙달의 속도와 정확도는 다를 수 있으나, 누구나 배워서 활용할 수 있다. 그 원리는 모든 인간의 영혼에 잠재되어 있는 초현실적인 능력을 개인적인 수련을 통해서 계발시켜 활용하는 것이다. 이 기술은 카드의 뒷면만 보고서 알아 맞추기와 상대방의 마음을 읽는 독심술讀心術 또는 이마나 배에 제법 무거운 물건을 붙이는 마술 아닌 마술로까지 발전시킬 수도 있다. (1997년 출간된 졸저『과학적인 심령탐사』참조)

땅굴탐사의 초창기에 여러 군부대가 저자의 심령막대에 의한 탐사를 테스트 해서 그 신뢰성을 확인한 바 있는데, 돈과 시간이 많이 드는 수십~수백 미터 시추에 앞서 군부대가 저자의 탐사능력 즉 신뢰성을 확인하려는 것은 지극히 당연하다.

따라서 남침땅굴 탐사 초기에는 매번 탐사에 앞서, 그들은 이미 알고 있는 지하 시설이나 폐광한 광산으로 저자를 데려가서, 갱도의 방향·깊이·규모 등을 알아 맞히는 테스트를 했다. 그때마다 저자가 정확하게 맞히다 보니 지하에서 소리 또는 이상 징후가 있으면 언제나 저자를 찾곤 했던 것이다.

특히 저자는 자청自請해서 두 번의 탐사능력 테스트를 받은 적이 있다. 첫 번째는 1975.1.18(일) 6사단 정보참모에 의해서 그가 이미 알고 있는 강원도 철원 화지리 학 저수지 둑에서 땅굴을 찾게 해서 바로 탐지했고, 두 번째는 1975.1.19(월)에는 포천 영북면 야미리 화룡광산에서 받은 탐사능력 테스트에서도 쉽게 알아맞혔을 뿐만 아니라, 이때 '지하 땅굴의 반응 폭'은 땅굴의 (폭+높이) × 3 (m)로 나타나는 원리를 처음으로 체험했다. 뒤이어 1975.1.24에는 국방부 탐사과가 저자를 강남의 어느 산악지역으로 데려가서, 비밀 지하시설에 대한 테스트를 했는데, 3개 지점에서 방향·깊이·규모·환기換氣여부 등을 100% 맞힌 바 있다.

이와 같은 저자의 능력은 국내뿐만 아니라 해외 즉 에콰도르, 브루나이, 필리핀, 미국의 LA와 애틀란타에서도 초청자의 테스트에 의해 완벽하게 증명되어 입회자들이 감탄한 바 있다.

그러나, 오직 우리나라의 국방부만이 저자의 심령막대 탐사 즉 다우징을 과학적으로 입증되지 않았다는 핑계를 대며 그 신뢰성을 부정하고 있다. 그러나 이제까지 저자의 탐사에 동참한 전방의 사단장부터 사병들까지 모두 저자의 심령탐사를 신뢰했다.

★육군본부의 땅굴탐사 테스트에서 100% 적중

1975.1.24(금) 육본 정보처 차장 김 준장이 요청해서 탐사능력 테스트를 받기 위해, 저자는 9시경 1급 비밀지역인 한강 이남의 모처로 안내되었다. 후일담으로는, 땅굴탐사 부서에 대령도 있지만 그는 천주교 신자라는 이유로, 일부러 비신자인 육본 공병대 신 중령이 테스트를 주관하게 했던 것이다.

그곳은 험한 산 속으로 허술한 산길을 따라 도착한 곳에는 출입구 초소만 있었다. 세단은 돌려보내고 그가 초소에서 한동안 육본에 연락하고 확인하더니 서약서를 내놓으며 내게 지장을 찍게 했다. 내 가슴엔 육본 출입증이 달려 있는데도 서약을 다시 하게 하니, 출입이 엄격히 통제되는 지역임을 실감했다.

그 후 허술한 트럭 한 대가 나와서 대위가 안내했다. 나는 조수석에 타고 신 중령과 대위는 양쪽 문짝을 붙잡고 들어갔다. 십여 년 정도의 소나무가 엉킨 비탈길을 오르더니 내리게 하고는 차를 저 안으로 보내버렸다. 신 중령이 이곳에 땅굴이 있는지 찾아 보라고 해서, 저자는 "전혀 땅굴이 없는 곳에서부터 탐사케 하든지, 틀리든지 맞든지 나에게 전혀 눈치를 주지 말고 마음대로 테스트하라"고 했다.

신 중령은 대위와 소곤거리더니 산 속으로 저자를 앞서 가게 해서, 소나무 사이를 가면서 심령막대를 들고 반응을 보기 시작했더니 곧 땅굴반응이 나타났다. 밋밋한 야산으로 어디에도 땅굴을 파 놓았을 것 같지 않은 곳이었다.

"이곳에 땅굴반응이 있습니다." 했더니

"어느 방향으로요?" 했다. 당시 나침반을 가지고 있지 않아서 손으로 방향을 가르켰다.

"그럼 굴의 크기는 얼마만 합니까?" 했다.

줄자를 가져가지 않아서 그 폭을 걸음으로 대강 쟀더니, 30여 미터 반응폭으로 계산하면 5m × 5m의 땅굴이었다. 혹시 밑변 6m 높이 4m의 굴일 수도 있다고 대답했다. 〈21쪽 중간 '지하 땅굴의 반응 폭'은 땅굴의 (폭+높이) × 3 (m) …참조〉

그 후 왼쪽 숲 속으로 가자고 해서 한참 가니 또 반응이 나타났다. 땅굴의 방향과 크기를 탐사했더니 이상하게도 반응 폭이 42m로 나타나서, 7m 땅굴이라 했더니, 신 중령은 대위와 소곤소곤 얘기하다가 이상하다는 눈치를 보이면서 "그래요?" 하더니 또 왼쪽 숲 속을 가르키면서 가자고 했다. 탐사하면서 한참 가니 계곡이 나왔는데 그 골짜기에도 땅굴반응이 나왔다.

여기에도 땅굴반응이 있다고 했더니 신중령이 "그래요? 그러면 이곳 굴의 크기는 얼마나 됩니까?" 했다. 약 30m 폭이니 5m × 5m의 땅굴이라고 했더니, 골짜기 앞에 서 있는 벽을 가르키면서 그 중심이 어디쯤 되는지 물었다. 벽의 대충 가운데에 2m 크기의 굴이 있으나 굴의 깊이는 여기서 측정할 수 없다 했다. 왜냐하면 땅굴 방향선에서 90도로 멀리 떨어져서 측정해야 하기 때문이다.

신 중령이 "그럼, 입구로 가서 이곳 굴의 크기를 확인합시다"고 했다.

저자는 그 입구가 얼마나 멀리 아래로 내려가 있는지, 또 세 곳에서 반응이 나타났으니 그렇게 여러 개의 땅굴을 만들었을까 하는 의심도 가고, 땅굴반응은 확실한데 이치에 맞지 않을 것 같기도 했다.

콘크리트 흰 건물을 돌아 내려오니 넓은 운동장이었으니 벽만 앞을 가려 선 건물이었다. 그 건물 정면을 돌아서 가니 땅굴이 멀리 나 있었는데 2m × 2m의 굴이었다.

신 중령이 "중앙이라는 곳이 조금 차이가 납니다." 해서 저자는 "그건 발걸음으로 적당히 재서 그렇죠" 하면서, 하도 신기해서 짧은 2m 자로 재 봤더니 정확했다. "그럼 이전의 두 개 땅굴도 모두 맞힌 것입니까?"

신 중령은 "모두 맞습니다. 5m × 5m 굴도 맞고, 7m × 7m 굴도 맞습니다. 방향과 크기 모두 맞습니다. 100점입니다." 했으나, 굴의 입구는 보여 주지 않았다.

그곳을 안내하던 대위는 트럭이 와서 함께 타고 가면서 매우 신기해하면서, 평복 입은 저자에게 "선생님, 이렇게 찾으면 전방 땅굴은 모두 쉽게 찾아지겠습니다."고 해서, 저자도 "그러리라고 생각합니다."고 응대했다. 그 대위는 처음 도착한 초소 앞에 신 중령과 저자를 내려 주고는 가버렸다. 신중령은 점심시간이 지난 때에, 타고 온 세단은 가고 없으니 저자에게 매우 미안해하면서, 오래 기다려서 차가 와서 육군본부로 돌아왔다.

늦은 점심을 먹고 나니, 신 중령으로부터 세밀히 보고받은 육본 정보처장 이 소장이 저자를 만나서 "한 곳 더 테스트할 곳이 있으니 가서 봐 달라"고 했다. 또 따라 나섰더니 그곳은 육군본부에서 큰 길 건너 국방부가 있는 헬기장 근처였다.

이슬비가 내렸으나 가까워서 탐사하기에 좋았다. 저자는 "이곳은 땅굴 반응이 확실히 있는데 지상에 건물들이 이리저리 많아서 지하의 땅굴 생 김새를 정확히는 못 찾겠다."하고 왔는데, 바로 그곳에 땅굴이 있는 것은 1979년 10・26사태 후에 알려졌다.

2. 저자의 남침땅굴 탐사 45년

가) 1974.12.3 이후 33년간의 탐사

수맥과 온천 탐사로 이름이 알려진 저자가 1사단(파주 광탄면)의 요청으로 12월 3일부터 판문점 남서쪽 도라산역 근처에서 땅굴탐사를 처음 시작했 는데, 이곳은 그 해 9월 5일 귀순한 김부성씨가 직접 땅굴공사에 가담했다 는 제보에 의해 탐사하게 되었다.

12월 6일에는 5사단 군목 송순용 신부의 요청으로 수맥을 탐사하던 중 철원군 중세리 최전방에서 폭파소리를 들었다는 곳에서 땅굴을 파내려 온 방향을 탐지했다.

이렇게 시작된 저자의 남침땅굴 탐사는 33년 이상 계속되어 남침땅굴 1 호선부터 17호선에 걸쳐 각각의 땅굴을 여러 차례 탐사했고, 2008.1.29 화 천 상서면 신풍초등학교(폐교됨)에서 15호선의 예상 출구 지점을 찾아낸 탐 사까지를 2008.5.8 출간된 『땅굴탐사 33년 총정리』에 수록했다.

나) 2008년 이후 12년간의 탐사

『땅굴탐사 33년 총정리』출간 후의 탐사로서, 남침땅굴 1호선, 2호선, 4호선, 6호선, 10호선, 17-2호선에서 체험한 탐사로서 이번에 출간된 『남침땅굴 탐사 45년』에 수록되어 있다. 이 기간에는 남침땅굴 굴착 현장에서 폭파음은 탐지되지 않았고, 그 대신 TBM(Tunnel Boring Machine, 터널 굴착 기계)이 회전하면서 암석을 절삭해 내는 부드러운 소리가 탐지되었다. (17-2호선 남단, 평창군 대화면 주민의 휴대폰 녹음 참조)

이 기간에는 인천 지하철 검단사거리역(남침땅굴 1호선), 안양 지하철 석수역 동쪽 350m 호암산숲길공원(등산로 입구, 휴전선에서 70km), 일산 9사단 정문 부근, 청파동 손기정체육공원의 예상 출구용 분기선을 발견했다(2호선). 청와대와 총리공관으로 뻗은 분기선 및 지하철 돈암동역 지하 예상출구 등(4호선), 남양주 화도읍과 남양주 제2청사(68km, 6호선), 포천 영중면(48km, 10호선), 강원도 평창 대화면에서 3개의 출구용 지선(95km, 17-2호선), 평창 용평리에서 분기해서 원주초교로 뻗은 땅굴(135km, 17-2호선) 등을 발견했다.

그리고, 2014.12.8 및 2015.1.12 남침땅굴의 실상을 알리는 양심선언 후 탐사 자료를 청와대를 비롯한 관계 요로에 우송했으나, 결과는 언제나 '이미 발견된 단거리 땅굴 4개 외의 장거리 남침땅굴은 없고, 국방부는 전방에서 계속 탐지하고 있으니 안심하고 생업에 전념하시라'는 국방부의 답변서만 받았을 뿐이다. (첨부된 진정서와 국방부의 답변서 참조)

3. 남침땅굴의 탐사 과정

가) 지하의 폭파음이 들렸다거나 또는 야간에 지하에서 소리가 난다는 곳에 가서 탐사해 보면, 반드시 땅굴반응이 있었다.

나) 땅굴의 폭과 높이 및 지표에서의 깊이를 저자 고유의 방법으로 측정해서 기록한다.

다) 지하의 공기반응의 크기와 방향을 탐지해서 기록한다.

라) 그 지점의 고도(해발 몇 미터) 및 GPS 좌표(위도 및 경도)를 탐지해서 기록한다.

마) 현장에서 탐지한 정보를 상세한 지도에 표시한다.

바) DMZ(휴전선) 너머에서 굴착해 온 방향과 굴착해 갈 방향을 예측할 수 있다.

사) 남침땅굴이 목적지 부근에 접근하면 예상출구 2개를 내기 위해 ─< 형으로 분기하기 전에 반드시 다목적 공간(일명 창고 땅굴 ↘, 대개 2m × 2m, 20~50m 길이 3개)을 굴착한다.

아) 다목적 공간(↘)과 예상출구를 내기 위한 ─< 형 분기점이 탐지되면, 예상출구를 낼 지역을 어느 정도 예측할 수 있다.

자) 땅굴 내 공기반응으로 현재 땅굴 내부의 환기 여부, 사람의 존재 여부 등을 알 수 있다.

차) 이 모든 것을 종합하면, 땅굴을 굴착해 오다가 몇 년 중단 후 다시 판다든지, 또는 굴착 방향을 바꾸든지, 또는 곁가지(지선의 지선)를 내서 출구를 더 내려는지 등을 지도 위에서 탐지할 수 있다.

★국내 땅굴 탐사에 대한 저자의 견해

저자가 45년간 남침땅굴을 탐사하면서 3가지 요점 즉, 탐사한 지점의 GPS좌표, 땅굴의 방향, 북한에서 남하한 땅굴에서 분기된 지점을 정확히 밝히지 않는 탐사 결과는 믿기 어렵다는 것을 알게 되었다. 두더지라면 벌레를 잡아먹기 위해 꼬불꼬불 팔 수 있지만, 남침땅굴의 경우는 지하수, 버럭의 운반, 환기 문제가 쉽지 않으므로, 단수 또는 복수의 공격 목표를 향해서 가장 경제적인 루트와 효율적인 구배(경사)를 확보하면서 설계하고 굴착할 수밖에 없다.

지하 공간이 있을 때 지표에 나타나는 반응을 탐지하는 다우징(Dowsing; L-Rod, 심령막대 또는 금속 추로써 탐사)을 나름대로 연마한 탐사가(Dowser)들이 전국의 여기저기에 남침땅굴이 있다고 해도 쉽사리 믿지 않는 실정이다. 이들 가운데 GPS좌표도, 땅굴의 방향도, 군사분계선의 어느 지역에서 내려오는지 또는 출구를 낸 각 지선(枝線, Branch Tunnel)이 어느 남침땅굴에서 분기했는지를 발표하지 않고 적당히 말하는 자도 적지 않다.

어떤 탐사가들은 부산, 창원, 진해, 거제도, 대전, 군산, 서산, 충주, 광주, 목포, 등 심지어 제주도까지 남침땅굴이 거미줄처럼 완성되어 있다고 했다. 뿐만 아니라 청와대, 국회, 국방부, 인천공항, 석촌호수에도 84개~9개의 땅굴이 들어갔다든가, 용마폭포공원, 서울시청 지하주차장 및 충남 계룡대 주차장 아래의 땅굴광장에는 북한군 탱크와 장갑차가 수십~수백 대가 대기 중이라고 주장하여 장거리 남침땅굴의 존재를 인정하는 애국국민들의 빈축까지 사고 있다. 이들은 아마 저자도 가 본 적이 있는, 250km

에 달하는 베트남의 구찌 땅굴에는 지하 병원도 광장도 있다는 말을 듣고
서 선입견으로 그렇게 말하는지 모르겠다.

남침땅굴을 탐사하는 계기는 대개 지하 폭파음, 각종 기계음, 사람의 음
성 또는 확성기소리의 청취가 대부분이다. 그러나 평창군 대화면의 경우
처럼 커트 헤드가 회전하면서 암반을 갈아 내는 소형 TBM의 부드러운 기
계음의 신고로 탐사하거나, 2014.9 택지조성 중 노출된 일산 9사단 정문
부근의 뻥 뚫린 땅굴과 2007.5 경의선 가좌역 부근의 초대형 싱크홀처럼
저절로 노출되는 경우도 있다. 그밖에 양구 제4땅굴처럼 귀순자의 제보에
의해 탐사를 시작하는 경우도 있다.

저자가 지하의 폭파음이나 기계음으로 서울시내의 땅굴을 탐지해 낸
예로는

- 구서대문형무소 및 강북구 우이초등학교로 뻗은 땅굴은 언론의 지하 폭파음 보도
- 수유초등학교로 뻗은 땅굴은 수유시장 지하에 폭음이 난다는 재미 목사의 제보
- 구로구 개봉3동으로 뻗은 땅굴은 '성령축제교회' 목사의 지하 폭파음 제보
- 1호선 석수역 동쪽(호암산숲길공원)으로 뻗은 땅굴은 금천구 한 빌딩 지하음의 제보

최전방에서는 지하 폭파음이 여기저기 났기 때문에 쉽게 남침땅굴이 어
디서 어느 지점으로 뻗었는지 알 수 있었고, 1975년 초부터 공기반응 원리
즉, 지하공간의 존재와 공간의 공기유통에 따른 지상의 반응을 탐지하는
원리를 체득할 수 있었다.

- 경의선 탄현역으로 뻗은 출구용 땅굴은 2007.11.14 탐지했으나, 그 땅굴이 남쪽 어

느 땅굴에서 왔는지는 몰랐다. 7년 후인 2014.9.19 일산역에서 탐사하며 오마초등학교 앞에서 북쪽으로 간 것임을 알 게 되었다.

– 경의선 화전역으로 뻗은 출구용 최종 땅굴은 2007.5.14에 동남쪽에서 120° 방향으로 올라 온 것을 알았으나, 북한 개풍군에서 140° 방향으로 경의선 신촌역으로 남하한 남침땅굴 2호선의 어디에서 분기했는지는 몰랐다. 2014.9.19 일산역을 탐사하고 택시로 서울역으로 돌아 오면서 제2통일로의 (당시) 국방대학 앞을 지나면서 땅굴반응을 느끼고 차에서 내려 탐지했더니 국방대학의 복지관 뒷산 사이로 들어갔음을 알았다. 그 땅굴선을 지도에 표시했더니 남침땅굴2호선의 덕양구 향동동 B3 아파트 단지에서 분기해서 국방대학으로 온 땅굴이 경의(중앙)선 덕은교에서 다시 분기해서 화전역으로 간 것임을 확인할 수 있었다.

끝으로 저자는 모든 탐사자가 남침땅굴의 탐사에는 탐사지점의 GPS 좌표, 땅굴의 방향, 연결되는 땅굴의 분기점을 확실히 발표하여, 누구나 그 지점에서 확인할 수 있고 따라서 많은 오해와 불신이 해소될 수 있기를 바랄 뿐이다.

4. 남침땅굴의 설계 요약

1. 공격 목표를 정한다.

2호선을 예로 들면 개풍군 장단면 대룡리 산 후면에서 안양(과천)으로 정했을 때 그 거리가 60여 km이다. 1km 전진하는데 기울기를 3~4m로 하는 것이 갱도의 원칙인데, 이는 지하수의 자연배수와 굴착으로 나오는 버럭을 입구로 운반하기에 최소한 기울기이다. 따라서 이 남침땅굴의 시작점은 지하 180~240m로 추측된다.

2. 남침땅굴의 예상 출구를 측량하기 위해서는 1/5,000 보다 더 세밀한 지도를 사용한 것으로 보이며, 측량의 기준점은 산의 정상(예; 성균관대 내 44.2m, 경복궁 내 49.8m, 노고산, 고봉산, 김포 팔봉산, 등) 및 초등학교 운동장의 교단 등이다.

3. 50년 전에 정한 공격 목표와 오늘날의 예상 출구는, 그간 남한의 대대적인 도시계획과 고층 건물의 신축 및 도로의 신설과 확장 등으로 적지 않은 혼란을 겪었을 것이다.

4. 수많은 남침땅굴의 출구는 은폐하기 쉬운 공원, 학교, 관공서, 배수지, 고궁 등의 숲 또는 빈 공간에 내는 것으로 보인다.

5. 지하철로 이동하기 쉬운 목적지일 경우에는 출구를 지하철역의 터널 벽까지 거의 수평으로 굴착해서, D-day에 밀가루반죽 같은 콤파운드 폭약으로 가볍게 발파할 일만 남은 상태로 보인다. 이것은 지표면의 출구와는 달리 북한 특수군이 대량으로 침투할 수 있는 출구로서 1990년 대 말 이래 간첩들에 의해 서울지하철의 노선설계도가 북한으로 빼돌려진 사건으로도 쉽게 유추할 수 있다.

6. 보다 안전하고 편리한 출구는 고정간첩 또는 종북세력이 관할하는 큰 시설로, 특히 깊은 지하실이 있는 경우에는 좁고 급경사의 최종 땅굴을 거치지 않고 건물의 지하실이나 주차장에 마련해 둔 출구를 통해 대량의 북한 특수군이 나올 수 있다.

7. 남침땅굴의 본선과 분기한 지선은 대개 폭 2m x 높이 2m이며, 출구 전약 100m에는 반드시 폭 2m x 높이 2m 각각 길이 20m의 3개 공간(↙↓↘)을 두는데, 이는 땅굴의 굴착 기간은 물론 D-day 직전에 장비와 무기의 창고, 인력 대기 및 휴식 등 다용도 공간 즉 창고땅굴로 이용된다.

8. 땅굴에는 전기와 압축공기 파이프가 배치되어 조명과 환기를 하는 것

으로 보인다.

9. 땅굴의 굴착은 처음에는 폭약으로 발파했으나, 1990년대 이후에는 점차 북유럽에서 수입한 소형 TBM으로 굴착하므로 과거처럼 폭파음을 거의 들을 수 없다.

10. 남침땅굴은 본선이든 지선이든 호선별로 독립되어 있어 상호 연결되지 않는 것은, 배수排水와 환기換氣 뿐만 아니라, 남한의 수공水攻이나 독가스 공격의 범위를 한 개의 남침땅굴에만 국한하기 위한 것이다.

11. 장거리 남침땅굴의 경우 약 5km마다 다목적 소형 지하광장이 있다는 탈북자들의 증언은, 비록 필자가 탐사로써 체험한 사실은 없지만, 충분히 예상할 수 있는 정보이다.

5. 남침땅굴의 분포 현황

북한은 6·25사변 직후인 1954년부터 남침용 땅굴에 착수했다고 하나, 1970년대 초부터 전 휴전선에 걸쳐 본격적으로 굴착한 것으로 추측된다. 1971년 김일성은 9.25비밀교시를 통해 '땅굴 하나가 10개의 핵폭탄보다 더 위력적이다'며 땅굴에 대한 집념을 드러낸 바 있다. 북한이 최근까지도 남침용 장거리 소형 땅굴을 꾸준히 파고 있다는 것은 탈북자들의 증언과 민간 탐사자들에 의해 확인되고 있다.

게다가 1980년대부터 스웨덴, 스위스, 일본, 등으로부터 직경 2.5~3m의 터널 굴착기(TBM; Tunnel Boring Machine)를 대량으로 도입한 이후에는, 대개의 경우 지하 폭파음을 내지 않고 조용한 굴착을 진행하다가 중단하는 등, D-day를 위해 꾸준히 준비하고 있는 것으로 보인다(예, 평창군 대화면에서 녹음된 지하 굴착음 참조).

북한의 땅굴 굴착기술은 이스라엘과 분쟁 중인 팔레스타인의 하마스에도 수출되어, 10여 개의 땅굴이 이스라엘에 의해 발견된 바 있다.

저자의 탐사 경험에 의하면, 북한은 1971년부터 현재까지 휴전선(DMZ) 전체 전선에서 남침땅굴을 점차적으로 굴착해 오고 있는 것으로 추측되며, 1970년대는 임진강 부근, 80년대 중반은 DMZ 남방 약 20km, 90년대는 약 30km까지 굴착한 것으로 보인다. 2000년대에는 서울시내 또는 DMZ 남방 약 50km까지, 2010년대에는 약 60km(안양 석수역 부근 호암산 등산로 입구)까지 및 동부전선의 경우에는 약 95km(평창군 대화면)까지, 2020년에는 약 135km(원주초교)까지 굴착한 것이 탐지되었다.

1992년 한미연합사의 정보에 의하면, 남침땅굴의 숫자는 의심스러운 것은 22~24개이고 확실한 것은 12개이다. (연합사 정보과장이 당시 국방장관 과학기술보좌관 윤여길 박사에게 브리핑) 그러나, 1990.3.3 제4땅굴을 발견한 이후 국방부는 이제까지 발견한 땅굴이 없는데도, 민간 탐사자들의 수많은 발견에 대해서는 지하천연동굴, 천마산 얼음 깨지는 소리, 또는 지하 농업용 수로라는 등 터무니없는 궤변으로 남침땅굴을 부인하거나 은폐해 오고 있다.

아래는 저자가 직접 탐사한 2020년 현재의 남침땅굴 현황이므로, 저자가 탐사하지 못한 남침땅굴도 많이 있을 수 있다.

남침땅굴	목표 지역	경유하는 지역		길 이
1호선	김포/인천	김포(하성면 시암리→향동)→인천(검단사거리)		24km
2호선	서울	파주→일산→서울(신촌역→국회→안양/과천)		70km
4호선	서울	파주→의정부→서울→청와대/창경원		47km
6호선	남양주/구리	연천→동두천→양주→남양주/구리		68km
7호선	연천군	연천(군남면 진상리)		17km
8호선	서철원	철원(중세리)→야월산·연천 장탄리		26km
10호선	철원/포천	오성산(김화)→포천(영북면/영중면)		46km
11호선	김화읍(철원)	논고개(김화)→천불산→육단리 수피교		9km
12호선	철원/화천	철원(월봉산)→화천(다목초교→광덕초교)		32.5km
13호선	화천	철원(죽대리, 적근산)→화천(마현리 사실동)		10km
14호선	철원/화천	동철원(원남면 배선골)→화천(상서면 산양초교)		13km
15호선	철원/화천	철원(원동면)→백암산→화천(상서면 신풍초교)		23.5km
16-1호선	화천	내금강(슬구내미)→어은산→화천읍(당거리)		12.5km
16-2호선	양구	내금강(슬구내미)→양구(백석산→방산초교)		12km
17-1호선	양구	해안면(서희령)→한전초교)		20km
17-2호선	인제/평창	양구(해안면)→인제평창군(대화리 가지동)		95km
	인제/정선	양구→인제→평창군(용전리)→정선(정선초교)		125km
	인제/원주	양구→인제→평창군(용전리)→원주(원주초교)		135km
3호선/③	파주(도라산)	제3땅굴	1978.10.17 국방부 발견	1,635m
5호선/①	연천(고랑포)	제1땅굴	1974.11.15 국방부 발견	3,500m
9호선/②	철원(근북면)	제2땅굴	1975. 3.19 국방부 발견	3,500m
④	양구(해안면)	제4땅굴	1990. 3. 3 국방부 발견	2,052m
가짜 ⑤	4호선 남쪽	부근에 진행 중인 장거리 남침땅굴의 굴착을 숨기기 위한		
가짜 ⑥	2호선 북쪽	위장용 단거리 가짜땅굴로 저자(이종창)가 최초 탐지했음.		

6. 탐사하지 못한 의심스러운 지역

1. 경기도 파주시 문산 지역(미군부대가 있던 지역) 및 통일로 주변

2. 경기도 고양시 덕양구 벽제동의 2군단 지역

3. 인제군청에서 원통으로 가는 국도의 우측(버스 안에서 저자가 땅굴반
   응을 감지한 적 있음)

4. 17-2호선의 경우, 인제군 기린초등학교와 홍천군 창촌초등학교(운두분교)
   주변에도 여러 갈래의 땅굴을 냈을 가능성 농후함. 왜냐하면 한계리와
   평창군 북부 사이 지역은 저자가 탐사하지 못했음.

5. 그 외에도 군사 요충지, 이를테면 예비사단 본부나 중요 화약고와 무기
   고 등 저자가 탐사하지 못한 곳.

6. 서울시내에도 저자가 탐사한 지점 외 탐사하지 못한 예상출구가 얼마
   든지 있을 가능성. 왜냐하면, 국방부 및 한미연합사 부근을 지나는 땅
   굴과 덕수초등학교로 뻗은 땅굴과 미동초등학교로 뻗은 땅굴의 예상
   출구 등을 일일이 모두 탐사치는 못했음.

7. 미아리고개 지역의 여러 초등학교와, 우이초등학교 및 수유초등학교로
   뻗은 땅굴이 노원구 월계동과 그 외의 큰 공원 등에 낸 것으로 짐작되
   는 예상출구를 일일이 탐사하지 못한 곳이 너무 많음.

7. 위장용 단거리 가짜 땅굴

장거리 남침땅굴의 굴착 및 존재를 속이기 위해 남방한계선 이남 2km 미만의 단거리 땅굴을 지칭하는데, 저자의 분류기준에 의하면, 뒤늦게 발견된 ⑤ 및 ⑥뿐만 아니라 일반적으로 통용되는 제1~4땅굴(3-③, 9-②, 5-①, ④)도 위장용 단거리 가짜 땅굴에 속한다. 왜냐하면 남침땅굴이란 지하수의 배수 및 버럭의 운반 문제 때문에, (DMZ 북방에서) 굴착 시작 지점의 표고(해발 높이)와 심도(지표에서 깊이)에 의해 그 땅굴의 최종 길이가 한정되기 때문이다.

가) 제1땅굴(5-①) – 1974.11.15 발견

파주시와 연천군을 지나는 남침땅굴인 4호선과 6호선 사이에서 땅굴을 굴착하면서 지하의 폭파음과 버럭 반출의 흔적을 남김으로써 남한의 군 당국을 속여서, 인근 좌우측의 장거리 남침땅굴들의 굴착과 존재를 은폐하기 위한 가짜 땅굴이라 할 수 있다.

나) 제2땅굴(9-②) – 1975.3.19 발견

철원군 김화읍을 지나 서남방향으로 뻗은 장거리 남침땅굴 10호선을 은폐하기 위해, 공공연히 지하의 폭파음을 내면서 정남으로 굴착해 왔으나, 1975.3.19에야 저자가 지표에서 160m 깊이에 있는 땅굴을 탐지했다. 그런데 이 땅굴은 좀더 남하하면 그 산의 후사면에서 땅밖으로 나올 수밖에 없는데 그곳에는 국군부대의 막사가 깔려 있다.

이 단거리 땅굴은 서쪽의 6사단, 동쪽의 3사단, 포천시로 통하는 지역의 기갑여단으로 뻗은 장거리 남침땅굴 10호선을 은폐하기 위한 가짜 땅굴이 확실하다.

다) 제3땅굴(3-③) - 1978.10.17 발견

개성 인근 판문점 서남쪽에서 이렇게 짧고 엉뚱한 남침땅굴을 만든 것은 국군 당국이 딴 곳에 신경 쓰지 못하게 하는 장난으로 보인다. 1978년에 지하의 폭파음을 내서 전두환 1사단장의 끝을 보는 뚝심에 의해서 발견되었다.

라) 제4땅굴(④) - 1981.5.22 탐지 - 1990.3.3 확인

1975.6.11.~7.15 21사단 63연대장의 안내로 남방한계선 내, 거칠비고지 앞, 938고지, 범바위 지역, 등 양구군 해안면 지역을 탐사했으나, 1981.5.22에야 해안면 최북방 해발 720m의 지표에서 145m 깊이의 땅굴을 탐지했다. 그러니까 땅굴은 해발 575m(720-145=575m)에서 남쪽으로 굴착해 왔는데, 제4땅굴 후방인 현리, 후리, 수리골의 표고는 펀치볼 분지로 대개 해발 560m이므로 땅굴이 더 남하하면 바로 노출될 수밖에 없는 매우 얕은 땅굴로서 좌우측의 남침땅굴 17-1호선 및 17-2호선을 은폐하기 위한 위장용 단거리 가짜 땅굴임이 분명하다.

그 동안, 땅굴을 확인하기 위해 군 당국이 시추할 때마다 북한군의 역대책(일정 구간을 되메우면서 우회땅굴을 굴착하는 것)으로 지하 공간을 확인하지 못했다. 한편, 이 가짜 땅굴은 1983년 위장귀순 했다가 2000년 중국 경유 월북한 신중철 북한군 대위의 제보에 따라 군 당국이 계속 찾으려 노력했지만, 약 7년 후인 1990.3.3에야 지하 공간을 확인하게 되었던 것이다.

마) 가짜 땅굴 ⑤ - 시추 또는 천공으로는 아직 땅굴 미확인

판문점 아래 임진강 자유의다리 건너 두개마을로 온 것인데, 필자가 1975년 초 이곳에 땅굴 징후가 있다고 해서 포크레인으로 밀다가 끝낸 곳이다. 의정부를 거쳐 서울시내 창경궁과 청와대로 뻗은 장거리 남침땅굴 4호선의 굴착과 존재를 은폐하기 위한 단거리 가짜 땅굴로 추측된다.

바) 가짜 땅굴 ⑥ - 시추 또는 천공으로는 아직 땅굴 미확인

이것은 파주-고양-서울-광명-안양으로 뻗은 장거리 남침땅굴 2호선의 굴착과 존재를 비교적 인근에서 은폐하기 위한 위장용 땅굴로 보인다. 북한 개풍군에서 동동남향인 탄현면 금승리 비석사거리와 파주LCD산업단지로 뻗은 짧은 땅굴로서, 임진강과 자유로를 지나 아쿠아랜드 서편에서 서남향으로 분기했다.

1998.9.4 저자가 처음 탐지하게 된 때는 남침땅굴민간대책위원회 이창근 단장이 이미 오래 전부터 지하의 폭파음을 듣고 관찰한 후 (자유로가 생기기 전에) 임진강변에서 작은 구멍을 여러 개 시추해서 어느 정도 증거를 잡고 있을 때였다. 이때는 비석사거리 부근에 군 당국이 60개 구멍을 시추한 뒤였다.

그 후 이창근 단장은 아쿠아랜드 입구 자유로 바로 곁에서 땅굴의 확증을 잡고 굴착을 시작한 때인 2010년 9월에 저자가 가서 확인해서 땅굴의 방향과 다목적공간(↓)을 탐지했다. 그리고 2010.10.25 다시 방문했을 때는 이미 포크레인으로 10여 미터 깊이를 파고 있었고 남굴사 대표 김진철 목사도 참관 중이었다.

땅굴반응 포착한 지점의 탐사일 및 GPS 좌표

비석사거리(금승산업단지)로 뻗은 가짜 땅굴(1998.9.4)
아쿠아랜드 방향으로 뻗은 가짜 땅굴(2010.10.25)
시추지점(37° 49' 39.40", 126° 43' 15.30")

아쿠아랜드 부근 시추 현장에서 만난 남굴사 대표 김진철 목사(2010.10.25)

제 2 부
땅굴탐사에서 겪은 진실과 거짓

1. 북한 GP 앞 80m의 오싹한 탐사

2. 산골짜기를 울리는 지하 폭파음과 기계소리

3. 육군본부 탐사과장을 꾸짖는 전방 사단장

4. 지하에서 계속 숨바꼭질하는 북한군

5. 주방 뒤 골짜기의 폭파음에 놀란 군인들

6. 남침땅굴의 확인은 왜 어렵나?

7. 신부의 땅굴탐사가 못마땅한 주교

8. 우리 군대의 약점 - 복마전

9. 육본 탐사과장 및 국방부 정보과장과의 대립

10. 다시 7사단에서 땅굴탐사 요청

11. 탐사와 시추로써 땅굴을 은폐하는 세력

1. 북한 GP 앞 80m의 오싹한 탐사

　1980.10.30(목) 대성산(1174.2m)이 구름에 가렸고 찬비가 내리기도 하는데, 3사단과 15사단 경계지역의 비무장지대(DMZ) 철책 문 앞에 이르렀다. 오늘 임무는 철원군 김화읍 동북부 북쪽 논고개에서 굴착해 온 남침땅굴이 어느 쪽으로 왔는지를 탐사하는 것이다. 10시에 철책 문이 열리자 사병 8명과 안내 소령 1명 그리고 나는 방탄복에다 철모와 왼팔에 흰 민경(N.P.) 마크를 붙이고 DMZ 내로 들어갔다.

　무전기 통신병 포함 5명은 실탄을 장전해서 10m 간격으로 앞에 가고 저자 뒤에는 소령 그 뒤에는 사병 3명이 따랐다. 소령이 저자에게 앞에 가는 사병의 발자국만 밟으며 따르라고 했다. 사전에 수색대가 오늘 가는 길을 20cm 깊이로 일일이 찔러서 지뢰를 확인하고 모두 제거했지만 혹시 빠질 수가 있기 때문이다. 이곳은 천불산 북쪽 골짜기 하천가의 옛 신촌新村 마을이었다. 50년 전에는 문전옥답이었던 곳에 큰 나무들과 억새만 뒤엉켜 있는데, 앞서 수색대가 낸 길만 겨우 나 있었다.

　저자는 심령막대만 쥐고 그들을 따르면서 땅굴 반응이 나타나는 곳을 소령에게 알려 주었다. 적 GP 80m 앞까지 갔다가 동편 적근산 쪽의 다른 철책문으로 나오게 되어 있는 섬뜩한 탐사였다. 하천가 집터에는 포탄피가 수북수북 쌓여 있었다. 마침내 적 GP 80m 앞 언덕 위에 잠시 섰다. 저 앞의 위장한 적 GP에서 총질도 없었지만 12시가 지나 다른 철문으로 나오니 옷이 땀에 흠뻑 젖어 있었다.

논고개 땅굴은 신촌과 송동마을 쪽으로 휘어져서 천불산으로 남하했음을 확인했다. 오후엔 1군사령관, 15사단장, 육군본부 31처의 대령이 저자의 탐사 결과를 듣고 돌아갔다.

2. 산골짜기를 울리는 지하 폭파음과 기계소리

1984.11.13(화) 7사단 지역 북한강변 화천군 수상리 비운이(삼택교) 소나무 앞에서 땅굴탐사를 하고, 당거리에서 오르막길을 따라서 수리봉(1,056.1m) 정상의 부대에 도착했다. 김정도 부사단장과 최 대위, 군종 홍랑표 신부, 사병 8명이 동행했다. 점심을 먹고 2시경 북서쪽 멀리 상서면 산양리 사방거리 쪽에서 큰 폭파소리가 나니, 부사단장은 바로 저 소리가 남침땅굴을 파기 위해 지하에서 폭파하는 소리라 했는데 섬뜩한 감이 들었다.

여기서 5~6km 거리인데, 최전방 민통지역인 이곳에서 수십 km 내에는 오늘 아군의 폭파가 없는 것을 잘 아는 부사단장의 말이었다. 부대를 뒤로 돌아서 북쪽으로 땅굴반응을 탐사했더니, 땅굴이 이곳으로 수리봉 북서쪽 늘아우 마을을 이미 지나간 것을 탐지했다. 1,000m 고지인 이곳을 북동쪽으로 돌아서 능선을 타고 5km 내려가면 삼택교가 있는 비운이에 가는데, 부대에서 1km쯤의 산 정상을 돌아서 내려가는 길인데, 오후 3시경이라 멀리 석양이 지고 있는 부대에선 사병들의 떠드는 소리가 들렸다.

컴컴한 산골짜기에 산을 울리는 기계소리

초겨울이지만 험하고 깊은 골짜기는 벌써 컴컴해졌는데 갑자기 너무나 큰 기계소리가 났다. GMC트럭의 공회전 소리 같은 큰 소리가 낙엽진 낙엽수가 빽빽이 찬 저 아래 골짜기에서 났는데 모두가 놀랐다. 컴컴한 저 깊은 골짜기에서 당장이라도 햇볕을 받는 우리를 향해 사격이라도 할 듯한 공포가 엄습했다. 본능적으로 땅에 엎드렸으나, 낙엽진 나무 사이로 비추는 밝은 석양 앞에서 몸을 숨길 수도 없었다. 전쟁 연습을 안 해본 나는 꿩새끼가 적이 나타나면 가랑잎을 물고 얼굴만 가리고 넘어진다더니.

그러나 부사단장, 최 대위, 홍 신부와 실탄을 장전한 총을 가진 사병들은 겁도 없이 태연했다. 부사단장은 즉시 통신병의 무전기로 '어느 지점에서 적의 기계소리가 났음' 하고 상부에 보고했는데, 그 즉시 육군본부까지 전송되었단다. 저자의 꼴새를 돌이켜 보니 예수님 제자 셋이 타볼산에서 놀란 모습이 생각났다.(마태 17)

이 지점이 남북 분계선에서 14km 남방인데도, 저 소리가 지하에서 땅굴을 파는 기계소리란다. 이 지역 산악의 바위들은 아래에서 수직으로 금이 나 있어서 깊숙한 지하에서 땅굴 작업하는 기계소리가 이 산속으로 크게 새나온 것이었다.

3. 육군본부 탐사과장을 꾸짖는 전방 사단장

1984.11.20(화) 7사단 지역 땅굴탐사를 위해 다시 왔다. 오전에 화천서

풍산리로 들어가서 당거리에서 수리봉을 올라서 땅굴이 그 후사면 화천군 신읍리 늘아우골 쪽으로 넘어갔음을 확인했다. 오후에는 상서면 사방거리로 가서 추파령 땅굴선을 탐지하면서 북한의 배선골(300m) 앞 철책 근처를 탐사했다.

1984.11.21(수) 미국 기술진이 C.W.Pass라는 기계로 지층을 촬영하는데, 21사단 지역인 양구군 방산면 슬구내미에서 작업을 마치고 온다더니 3시 40분에 도착했다. 3명이 헬기로 와서 이제까지의 청음과 시추 내력을 들은 후 7사단장과 함께 다시 삼택교 땅굴탐사 현장으로 갔다. 육본의 대령 한 사람이 현장에 와 있었는데, 사단장이 그를 꾸짖었다. 이곳에서 조금만 체재하면 누구나 지하의 폭파음만 듣고도 알 수 있고, 많은 시추공에서 여러 가지 증거가 나왔는데도, 땅굴이 이렇게 멀리 안 왔다고 언제나 부정만 하니 안타깝다는 질책이었다.

육군본부와 국방부 고위층들이 최전방 군인들이 모두 듣고 본 증거를 안 믿는다는 사실. 이를테면 일선 장병들의 인격을 안 믿는 그들의 태도는 저자에게 매우 이상하게 보였다. 국가와 자신의 목숨을 걸고 싸우는 전쟁터에서 그 육본에서 온 대령만은 딴 세상에서 온 사람으로 보였다. 인간의 감각으로 확인한 사실을 부인하는 군대는 전쟁에서 패배할 수밖에 없다. 그간 외진 이곳에서 지하 폭파음을 사병과 장교들이 얼마나 많이 들었던가? 이것을 어찌 부인할 수 있는가!

이 지역의 사병들은 밤낮 땅밑의 폭파음을 듣기 위해 몇 십 미터 앞 즉, 지하에서 소리가 나는 쪽에 호를 파고 한 달씩 교대근무 하면서 청음하는 특수병이라 할 수 있다. 일선 장병들은 그들이 청음한 남침땅굴이 어느 지점으로 지나가는지를 확인하기 위해 저자가 탐지한 땅굴반응 지점에 깊이 천공해서 밤낮 하이드로폰(고성능 마이크)으로 청음하는 사병들의 보고는 거의 100% 정확할 수밖에 없다.

4. 깊은 땅밑에서 계속 숨바꼭질하는 북한군

1984.11.14(수) 화천군 거칠비에서 탐사했는데, 강변이 제법 넓고 산비탈을 넓게 닦아서 부대막사가 즐비한 곳이라 시추하기에 편한 지역이었다. 사병들이 강변에 호를 파고 밤낮 청음하는 동시에 저자가 땅굴반응을 탐지했더니 남침땅굴의 굴착이 하루에 20m씩 전진하는 것을 확인했다. 바로 시추했더니 북한군은 지하에서 즉시 역대책으로 우회땅굴을 돌려 파면서 되메꾸고 지나갔다. 이렇게 지하에서 남침땅굴을 굴착하는 북한군과 숨바꼭질을 10여 번이나 했다. 저녁 10시 30분까지 현장에서 반응을 보았더니, 되메꾼 곳을 다시 시추하면, 로드(rod)가 잘 내려가지 않던 화강암 지역인데도 땅굴을 되메꾼 구간 2~3m에는 술술 쉽게 내려갔다. 오늘 지하 78~82m 사이를 10분만에 내려갔는데, 이는 폭파로 금이 간 땅굴의 위 아래 포함 약 4m를 되메꾼 것임을 증명한다.

1984.11.15(목) 수색대 위쪽 수동령 오르는 길 고둔골에서도 시추한 것을 되메꾸고 다시 돌리고 또 돌린 것을 시추하면 다시 그 밖으로 돌려서 지나갔다.

1985.1.3(목) 오후에 화천군 거칠비 북한강변 운동장의 시추공에서 이상한 현상이 나타났다는 보고가 와서 삼택교를 떠나 김 부사단장과 함께 갔다. 천공기계 2~3대가 집중적으로 시추하면 지하에서는 역대책으로 돌려파면서 굴착해 내려오던 그곳의 땅굴을 되메꾸었다. 수십 번 그러기를 계속하자니 북한군의 역대책 작전에서도 많은 허점이 나타났다. 되메꾼 곳을 천공하면, 어렵게 내려가던 로드가 쉽게 술술 내려가는 2~3m 구간이 지하 80~90m였다. 인공으로 되메꾸었기 때문에 그 구간의 천공 중에는 전혀 다른 암반이 올라왔다. 시추공에 하이드로폰을 설치하면 공기압축기 또는 쇠망치 소리 등이 녹음되기도 하고 지표에서 여러 사람이 함께 듣기도 했다.

이와 같이 지하 80~90m에서 남침땅굴을 굴착해 내려오는 북한군이 지상에서 땅굴을 찾으려고 시추하는 국군을 속이기 위해, 역대책으로 우회땅굴을 돌려파면서 그 구간의 땅굴을 되메꾸는 것이다. 이와 같이 군부대 주둔지의 땅 밑에서 적군이 터놓고 숨바꼭질을 계속하는 엄중하고 기막힌 국방현실에서도, 장거리 남침땅굴이 없다고 터무니없이 부정만 하는 육군본부의 탐사과장(대령)을 비롯한 국방부와 육본의 다수 장성들은 과연 우리의 군인이라 할 수 있겠는가!

5. 주방 뒤 골짜기의 폭파음에 놀란 군인들

1985.1.7(월) 오후 2시 화천군 삼택교의 임시 지휘소에서 부사단장과 대

화하는 중에 갑자기 폭파소리가 났다는 보고에 급히 가 봤다. 당거리에서 북한강 가는 데(군에서는 안동포라 함)로 내려가는 골짜기에 위치한 군부대 주방 밑에서 큰 폭파음이 나서 깜짝 놀란 군인들이 연락했던 것이다.

하천 쪽 뒷문의 시멘트 바닥이 쩍 갈라져 있어서 바로 탐사했더니, 산 너머 삼택교 앞에서 넘어 온 남침땅굴의 예상출구였다. 이곳은 삼택교에서 1,500m 떨어진 후사면으로 표고는 삼택교(비운이)보다 몇 십 미터 더 높으므로 폭파음이 더 크게 났던 것이다. 당시 북한군은 숨김없이 폭파하면서 땅굴을 굴착해 오고 있었던 것이다.

1985.1.8(화) 08:30 삼택교를 거쳐 거칠비에 갔더니 9호공에 설치된 하이드로폰에서 공기압축기(콤프레서) 소리가 계속 나고 있었다. 10:30에도 여전히 계속 소리가 나고 있었는데 현장의 군인들도 모두 듣고 있었다.

1985.1.9(수) 화천군 상서면 사방거리를 다녀왔는데, 마현리 이장 서종만이 "1984년 8월경에는 은하여인숙의 창문이 흔들리는 폭파소리가 났고, 똥순이네 집에서는 1984.11.15 저녁 9~12시에 안방 구들 밑에서 슬라브 집이 무너지는 듯한 폭파소리가 났다"고 알려 주었다.

6. 남침땅굴의 확인은 왜 어려울까?

1985.1.22(화) 9시에 7사단장이 땅굴 확인의 어려움을 토로하면서 무작

정 깊이 팔 수만 없으니 오늘 삼택교에 나가서 보다 정확한 땅굴의 깊이를 탐지해 달라고 했다. 그도 그럴 만했다. 저자가 탐지하고, 미국 기술자도 작년 11월에 C.W.Pass로 탐지한 삼택교 인근 땅굴을 확인하기 위해서 수직갱을 파서 땅굴이 없으면, 육군본부의 주장 - 땅굴이 아직도 휴전선 철책에서 몇 백 미터밖에 내려오지 못했다 - 을 반박할 수 없기 때문이다. 사단장 이하 모든 장병들이 지하 폭파음을 수없이 들었고, 시추 등으로 땅굴의 징후가 나타나서 이미 10여 km 파내려 온 것이 확실한데도…

C.W.Pass로 탐사한 결과 깊이 17.5m와 25m 깊이에 2m x 2m 땅굴이 사진으로 찍혔다고 해서, 남침땅굴을 증명해 보려고 4개 지점에 수직갱(우물형)을 파기 시작했는데, 결과가 없으면 어떻게 하느냐는 지휘관으로서 당연한 걱정이었다. 저자는 "C.W.Pass 탐사의 사진은 모르겠으나, 나의 탐사에는 몇 미터 깊이의 착오가 있을 수 있는데도, 만약 진행 중인 수직갱 굴착공사를 중단하면, 땅굴의 존재는 북한군이 그 땅굴을 이용해 기습할 때 증명되겠죠, 좀더 꾸준히 굴착해서 확인하면 착오란 있을 수 없다"고 말했다.

내가 삼택교에서 탐지한 땅굴의 깊이는 28m로 보았는데, 이제 와서 알게 된 예상 출구의 깊이는 30~35m 내외로 확신한다. 사단장은 "이 정만 길이 있는 이때 신부님(그는 예배당 신자라서 입에 익어서, 저자를 몇 번 목사님 하다가 신부님이라 했다.)이 지정한 여기서 남침땅굴의 존재가 증명되지 않으면 뒤에 나오는 것은 소용없어. 그건 약자의 변에 불과해요."라고 했는데, 이는 매우 어려운 결심의 단계에 와서 당하는 괴로움이었다.

미국 기술자의 장비(C.W.Pass)는 원자력발전소를 건설할 때나 거기서 나오는 핵폐기물의 지하 저장을 위해서 균열 없는 암반을 찾는 데 쓰이는 것으로, 지하에 2개 이상의 수직공을 뚫어서 그 사이를 고주파를 쏘아서 지층 사진을 찍어 보면 깨진 곳과 메꾼 곳을 다 확인할 수 있는 세계적으로 인정되는 최첨단 장비라 했다. 이 장비에 의해 지하 17.5m에 2m × 2m 땅굴이 있다고 했는데, 20m를 팠는데도 땅굴이 나오지 않으니 그럴 만도 했다.

이날도 저자는 삼택교에 갔더니 이미 와 있던 부사단장이 국운國運을 매우 걱정하면서 "이런 시대에 살아서는 안 될 사람이 일을 하는 것 같아요. 땅굴로 나 혼자 진급이나 하려고 이러는 줄 알지만, 땅굴이 나오고 나면 그만두어야겠어요"라고 괴로운 심정을 토로했다. 그리고는 "푸근히 차근차근 꼭 증명해야죠"라고 신앙인다운 말을 했다. 그도 기독교인이기에.

1985.1.24(목) 땅굴의 결과가 쉽게 나오지 않으니 사단장으로서는 청음도 못 믿겠고, C.W.Pass사진도 못 믿겠고, 이 신부의 심령탐사도 못 믿겠다는 말이 무리는 아니었다. 사방거리 윗쪽 5연대의 1번 예상 출구 지점의 역갱도(국군이 남침땅굴을 찾으러 반대 방향으로 굴착하는 땅굴)는 이제 12m 파다가 끝냈다. 30여 미터를 파야 할 곳에 사병들이 폭파시켜 나온 버럭 처리에 대한 준비 없이 일을 하자니 진척이 더디고 매우 위험했다. 삼택교에는 몇 미터 더 파 보고 끝내겠다는 사단장의 결심에 기다릴 수밖에 없으나, 저자는 깊이의 착오이지 땅굴의 존재를 부정할 마음은 전혀 없었다. 그 이유로는

1. 최전방 철책에서 10여 km 남쪽 민통지역에서 폭파음을 수없이 들었고
2. 수리봉(1,000m)에서 큰 기계소리가 여러 번 났고
3. 시추공 설치한 하이드로폰으로 녹음했을 뿐만 아니라 여러 사람이 직접 들었고
4. 저자가 탐지한 땅굴의 되메꾼 지점에서 다시 시추했을 때 지하 2m 구간에서 로드 (Rod)가 술술 내려가는 현상
5. 예상 출구 전에 다목적 공간(창고 땅굴 ⩔ , 2m x 2m, 20m 길이 3개)을 일률적 으로 낸 것
6. 위의 4개 공간의 예상 출구 중 한 공간을 위에서 불도저로 밀고 폭파해 내려가면, 그 옆으로 돌려 파면서 본래 땅굴의 일정 구간을 되메꾸어 공간반응이 없어진 점

이상의 이유에서 저자는 날이 갈수록 더욱 확신이 섰다. 다만 지하에서 북한군의 능숙한 역대책으로 돌려 판 땅굴에, 국군이 굴착하는 역갱도의 깊이가 미달일 수밖에 없다고 확신한다.

1985.1.25(금) 눈발이 날리는데 삼택교에 나갔다. 역갱도의 깊이가 깊어지니 양수기로 물을 퍼 올리나 펌프의 힘이 모자라니 물이 차 오르고 있었다. 평생 처음 20여 미터 깊은 곳에 내려가서 일하는 사병들도 할 짓이 아니었다. 뒷받침이 없는 전쟁을 해야 하는 최전방은 피눈물이 났다.

이 분야에 전문가와 완벽한 뒷받침이 있다면 40~50m인들 무엇이 어렵겠는가! 강원탄광에 갔을 때 500m 수직갱을 엘리베이터로 내려가서 수평으로 600m나 파고 가는데, 250m에 1m씩 경사를 두고서 파 들어가므로 물도 석탄도 버럭도 쉽게 탄광 밖으로 운반해내는 것을 보았는데, 국가의 명운이 걸린 남침땅굴 찾는 역갱도 공사가 이렇게 허술한 것을 보니 군대의 허점이 너무나 생생히 체감되었다.

7. 신부의 땅굴탐사가 못마땅한 주교

1985.1.29(화) 간밤에는 천주교 교구의 인사이동 소식을 들어서 그런지 잠들지 못하고 괴로웠다. 내가 가야 할 진주 장재실 본당을 어떻게 한단 말인가? 2월 2일이 교구에서 사무 인계하는 날이고 2월 8일까지 부임하라 하니 어떻게 해야 하나? 내가 보던 진해 중앙성당 3,000명 교우들에겐 미안하다. 혼자 적적한 방에 앉아서 예레미아 예언서 15장 10절을 읽으면서 기도했다. "저의 나약함을 속속들이 아시는 하느님께서 알아서 하실 일이지만 당신 도구로서의 쓰임새에 당신 뜻이 없었다면 10년간 남침땅굴을 탐사한 세월이 오늘에 이르도록 인도하시지는 않으셨겠습니다. 당신 뜻대로 하소서."

부임 날짜 2월 8일은 다가오므로 2월 5일(화) 밤 주교께 전화로 이곳의 상황을 설명하려 했으나, 전혀 이해하지 못하시고 무조건 빨리 돌아오라고만 하셨다. 이곳의 일은 나라의 안위에 직결되는 것으로 내가 탐지해 주지 않으면 속수무책인데, 그냥 버려두고 돌아가자니 양심이 괴롭고, 교회의 명을 따르지 않자니 너무 마음이 아프다. 현장에 나가면 군인들은 허둥대면서 일을 서둘지 않는데, 급히 끝내고 돌아가려고 오늘 내일 한 것이 벌써 4개월이 지났다. 군대도 원망스럽고, 이곳에 한 번 와 본다든지 전화라도 할 만한데 전혀 그렇지 않은 교구청도 야속하다.

이곳 7사단 군목 홍랑표 신부님이 나대신 진주 장재실 성당에 가서 한동안 사목해 주시겠다고 해서, 주교관 관리국장 박재근 신부께 전화했더니 이곳 일은 모두 해결해 줄 테니 그곳에서 최선을 다하라 했다. 오전에 5-1 지역인 윗비끼네에 나갔더니 폭파하면서 역갱도를 굴착하고 있었다. 오후에는 5-2 지역에 갔더니 지난밤 1시부터 5시까지 지하에서 폭파음과 흙 무너지는 소리 등을 청음했다고 보고했다. 이곳 역갱도에서는 13시와 15시에 폭파하면서 굴착하고 있었다.

1985.3.18(월) 7사단 참모장이 마산교구장의 편지를 주면서 사단장에게도 편지가 왔다고 했다. 내용은 일주일 내로 장재실 본당에 부임하라는 것과 직무유기 교회법을 들먹이셨다. 임참모장과 홍랑표 신부와 의논했더니, 홍 신부가 대리 근무함이 어떨까 해서, 우선 관리국장 박재근 신부에게 전화했더니, 진주 칠암동 보좌신부가 장재실 본당을 보아 주었으나 20일 서울로 간다는 주교님의 서신 내용과 달리 부활축일까지 보아 주기로 했으므로, 내가 장재실 본당에 가서 부임인사를 안 해도 되니 주교님께 인사전화만 드리라고 했다.

교회법을 들먹이면서 직무유기 운운 하시는 주교의 말씀에 큰 충격을 받았다. 주교님의 권위에서 나온 말씀임은 이해하지만 내게 지나친 괴로움을 주는 십자가였다. 빨갱이는 수령의 권위로 계속 남침땅굴을 파내려오고, 우리 군대는 그들대로 수직공(우물형)과 역갱도의 굴착작업이 늦어지고…, 주인 없는 군대의 전쟁하는 모습에 몹시 괴로워하다 보니 주교님에의 존경심도 사라진다.

1985.3.19(화) 안양시 나자로 마을 성당 앞 우물에 물이 전혀 나오지 않아서 이경재 원장 신부님이 나를 불렀던 것이다. 그리고 물이 적게 나온다

는 (임 신부님이 정하신) 성당 곁의 우물이 8m 틀린 것을 탐지했다. 간 김에 양로원 후보지와 나병균 연구원에서도 수맥을 탐지했다. 3월 20일 수원 근처의 여러 곳에서 온천탐사도 한 후, 3월 21일(목) 저녁 8시에 마산교구청에 도착해서 주교님께 작년 11월 12일부터 4개월간 땅굴을 탐지한 3권의 일지와 지도를 보이며 자세히 보고했다.

주교님의 결론적인 말씀

1. 이유 없이 장재실 본당에 부임하라.
2. 군목 신부나 다른 신부의 대리근무는 안 된다.
3. 어떤 국방상의 위험이 있어도 사제의 임무를 다하라.
   전쟁이 나서 다 죽어도 좋다.
4. 땅굴로 나라가 역습을 받아도 좋다. 그것도 주님의 뜻이다.
5. 특수 사목(수맥탐사, 침구술, 땅굴탐사 등)의 가치는 인정한다.
6. 이번 인사이동에는 그냥 부임하라. 그렇지 않으면 벌을 주겠다.
7. 주교관 내의 신부들과 의논해서 모두가 동의하면 모르겠다.
8. 참모총장이나 국방부 장관의 요청이면 또 몰라.

저녁은 먹어야지 하고선, 잊으셨는지 자식이 굶게 했다. 너무 화가 나셨는가 보다. 자신의 권위만 아시고 애정이 없는 말씨와 그 중에도 "두고 보더라고…"라는 좀처럼 않던 할아버지의 전라도식 천한 표현은 "네까짓 것이 무슨…" 하는 비웃음으로 들렸다. 2007년 오늘에 와서 생각하니, 주교가 될 분은 큰 덕과 애정을 지니고 상대방의 인격과 뜻을 새겨들을 줄 알아야 한다. 선입견과 아부하는 주위의 말에 좌우되지 않는 명철한 판단을 항상 유지해야 한다. 달리 말하면 덕과 수양이 없으면 주교가 아니라 교주教主에 불과하다. 주교 하기가 이렇게 힘드니 나는 못 한다. 그래서 주교가 못 되었을 것이다.

내가 "주교님, 지금 하신 말씀을 적어드릴 테니 서명해 주십시오" 하면서 노트를 꺼내니 서명 안 하겠단다. "그럼, 교회법상으로 주임신부를 특별한 이유 없이, 사전 통보도 없이 이동시켜도 됩니까? 이제 사제된 지 24주년이 지났습니다. 작년에 어느 신부님을 25주년에 특별한 본당에 보내셔서 큰 잔치를 하는 것을 보시니 좋으셨죠? 장재실 본당이 너무 작아서가 아니라 그 본당에서 내년에 잔치를 할 수 있겠습니까? 주교님이 저의 처지라면 어떻겠습니까?" 화가 나서 부자간에 해서 안될 말로 심기를 설설 건드리고 말았더니 "그건 내가 몰랐지. 4년이나 한 본당에 있었으면 바뀌어도 되지" 했다.

거의 밤 10까지 주교님을, 그 후 박재근 신부님을 만나고, 즉시 양덕동 정삼규 총대리 신부님을 만났다. 정 신부님은 술을 내 놓으시며 빨리 올라가서 끝을 봐서, 특수사목으로 일을 맡겨야 할 것이다. 5월 전후해서 이억민, 전재민 신부가 교구로 오니 인원이 남아난다. 참으로 고생이 많았다. 걱정하면서 화천군 현장에 가보려고 길을 알아보기도 했단다. 나 자신을 반성하면서 택시로 구포역으로 와서 23시 55분 출발 무궁화호로 서울 와서, 마장동에서 7시 출발하여 화천읍에서 점심 먹고 7사단으로 돌아왔다. 그러나 1985.4.2(화)에 "빨리 본당에 부임하라"는 주교님의 편지를 또 받았다.

8. 우리 군대의 약점 – 복마전

육군의 지휘관들 대부분은 육사를 졸업한 엘리트인데 너무 답답하다. 지휘관의 판단에 따라 전쟁터에서 많은 부하들이 죽고 살고, 전쟁에서 패배하거나 승리할 수 있다. 그러므로 그들은 여러 분야를 공부하고 다양한 전술을 배우고 익혀야 하는데도, 많은 이들은 자신이 알고 있는 것만 제일인 줄 알고 너무 외통수에 집착해 있는 것 같다.

임진왜란 때 행주산성 싸움에서는 부녀자들은 행주 앞치마에 돌을 싸서 날라 주면, 군인들이 던져서 왜놈을 때려죽이고, 또 기어 오르는 편으로는 세게 부는 바람을 이용하여 부녀자들이 먼지를 왜놈들 위에 뒤집어 씌워서 눈을 못 뜨게 하고는 돌로 쳐서 이겼다 한다. 땅굴 전쟁에서는 이 분야에 전공한 이들과 그들의 현장 작업을 알아봐야 할 텐데 맹꽁이 지휘와 권위주의가 대세이다. 이 사단의 군목 홍랑표 신부님은 신학생 시절 방학에는 석탄을 캐는 막장에 세울 통나무를 등에 업고 나르는 일을 한 경험이 있었다. 하루에 얼마를 파는지 또 현대식 장비가 어떻게 파는지 가 보자 해서, 1985.3.13(수) 함께 강원도 삼척탄좌에 갔다.

강원도 삼척탄좌 기술자의 말

1. 굴착 속도는?

수평갱에서는 장성탄좌에서는 1개월에 700m, 소련에서는 99m를 판 기록이 있다. 직경 2.4m인 스웨덴 제 점보 드릴로는 200m 전진하는데,

20~40개의 구멍을 뚫고 화약을 재고 폭파하는 것 모두 자동으로 한다.

2. 버럭 처리는?

수평갱에서는 하루 18~20m 전진 가능하고, 하루 3교대 한 달 26일 작업하면 1개월에 200m은 쉽게 전진할 수 있다. 버럭은 자동으로 9톤씩 퍼담은 차량이 길게 달린 축전지 구동 트롤리가 실어낸다.

3. 수평 전진 때는 1/1,000 구배를 둠으로써 지하수는 벽 쪽의 배수 홈으로 쉽게 빠진다.

4. 지하의 기계소리는 양수기, 공기압축기, 환기용 팬에서 나고, 매연은 점심시간에 쉽게 불어낸다.

5. 수직갱(우물 같은 굴)의 경우 단면적 8~10m² 경우 하루 3m, 한달 80m씩 내려간다.

6. 삼척탄좌에서는 수직갱(엘리베이트 용) 600m 밑에서 수평으로 6,000m 전진해 있는데, 막장에서는 폭파시키기 위해 점보 드릴을 사용하고 있었다. 물론 50m씩 층을 내서 석탄맥을 따라서 수평으로 길을 내고 있었다.

1985.4.8(화) 공병대장이 서울에서 시추기를 못 구해 온다는 7사단 참모장의 정보에 따라, 마산에 연락했더니 4월 11일(목)까지 시추기를 이곳에 도착시킬 수 있다는 이종고 씨의 전화를 받았다. 그래서 민간 시추기를 마산에서 가져오기로 사단장과 약속했다.

1985.4.9(화) 오후 3시에 사단장 집무실에서 사단장, 참모장, 홍랑표 신부 외 몇 명이 참석한 가운데 회의가 열렸다. 저자는 사단장에게 "사방거리의 대학생 신병 훈련소에 우물을 반드시 준비해야 하니, 4천만 원에 한 공 파 주기로 하고, 그리고 5-1 땅굴 지역에 시추하고 5-3 논에도 시추하기

로 합시다. 아마 그런 예산이면 여기까지 와서 시추하는 비용이 거의 충당될 것입니다. 계약서는 쓰지 않아도 여기 모두가 하느님 믿는 분이고 나도 크리스천이니 말이 곧 계약이죠. 그렇게 알고 이번 일을 하도록 합시다." 했다. 그리고 즉시 참모장 차로 현장에 나가서 시추기가 오면 차가 들어갈 길을 정리하게 했다.

4월 10일에는 고둔골 2번공에서 나는 폭파음이 다른 두 시추공에서 하이드로폰으로 녹음되었다. 4월 11일에는 위비끼네 5-1 및 5-2지역에 나가서 탐사하고 시추기 들어갈 준비를 시켰다. 동생(이종득)은 다이야몬드 비트를 사기 위해서 서울에 갔고, 이종고 사장과 기사 3명이 마산 출발해서 내일 화천 도착 예정이라는 전화를 받았다.

문제는 시추할 지점을 누가 정할 것인가

1985.4.12(금) 아침에 참모장을 만나 오후에 시추팀이 도착 예정임을 알렸더니, 그가 "시추하는 지점은 청음한 소리를 따라서 정하는가 아니면 이 신부님이 탐지한 반응을 따라서 시추 코어를 뜨는가 하는 것이 문제가 될 수 있더라고요"고 했다. 이 참모장의 말이 귀에 딱 꽂혀서 잊혀지지 않았는데, 이는 끝까지 누가 주도권을 잡는가 하는 말처럼 들렸다.

이제까지 군 당국은 저자의 탐사 결과에 따라 시추하자는 말을 잘 듣지 않았기 때문이다. 최근에도 4개 공간 반응이 나타난 곳, 즉 예상 출구에 시추하는 것이 지표에서 제일 가깝기 때문에 구멍을 크게 시추하든지 또는 사람이 그냥 파고 내려가면서 볼 수 있도록 전등으로 비추면 된다 했으나, 끝까지 고집부리며 제일 깊은 곳인 땅굴 입구 쪽의 수백 수천 곳을 시추했다. 1km 전진에 3~4m 구배(경사)로 예상 출구 쪽으로 굴착해 왔다면 제일 얕은 곳이 공간반응이 탐지된 4개의 예상 출구 지점이 된다. 오늘에 와서 알게 된 것은 약 30m 깊이로 예상출구의 지형에 따라 더 얕을 수도 깊을 수도 있다. 오후 5시에 시추기가 도착해서 5-1 지점에 내려 놓고, 친동생(이종득)은 5시 반에 서울로 출발해서 오후 4시 지나 다이아몬드 비트를 마저 가져 왔다. 참모장과 함께 5-1 시추작업장으로 갔더니 오후 4시에 약 4m를 시추하고 있었다.

1985.4.14(일)~4.23(화) 부사단장과 화천읍 수리봉(921.9m) 후사면인 율래, 솔골, 호계동에서 탐사했는데, 수리봉 서쪽 골짜기로 내려온 땅굴의 예상 출구 4개 공간이 하천 서편에 나 있는 것을 확인. 5-1 지역에서 38m 시추 후 5-3 지역에서 34.5m까지 시추함. 저자의 공기반응에 의하면 국군이 시추하는 중에도 지하 공간 즉 남침땅굴 내에서 북한 사람이 작업하고 있었다. 5-3 지역에선 시추기 앞 뒤 공간에 공기반응이 없는 곳이 있었는데, 이것은 북한군이 역대책으로 되메꾼 결과임을 알 수 있었다. 공기반응이 없는 구간에는 되메꾼 곳이기 때문에 지하 28~30m 구간만의 시추 속도는 원래의 단단한 흰색 암반의 시추 속도(0.6m/시간)보다 매우 컸으며 떠 올린 코어(둥근 막대 모양의 암석)도 완전히 달랐다.

결론적으로, 지하 28~30m 사이 높이 2m 땅굴이 충분히 확인되었다. 그러나, 군당국이 보다 직접적인 방법으로 확인하겠다면 이미 뚫은 직경 2인치 시추공을 6~8인치 비트로 교체해서 확공擴孔해서 특수 카메라를 넣어서 지상에서 육안으로 되메꾼 구간과 원래 암반의 단면과의 차이를 재차 확인하든가, 또는 미련스럽게 약 30일 걸려서 직경 1.5m의 수직공(우물형 큰 구멍)을 파서 직접 내려가 되메꾼 지층의 단면을 쉽게 찔러도 보고 샘플을 채취하고 분석해서 인공 물질을 확인할 수도 있다. 그러나, 이번 탐사와 시추의 책임자인 저자에게 직접 말하지 못할 어떤 사연이 있는지, 사단장은 동생(이종득)을 불러서 아무런 이유도 밝히지 않고 확공을 못 하게 했다.

1985.4.24(수) 시추 현장에 나가서 파이프를 주면서 시추공에 케이싱을 넣어서 잘 보존하면, 장차 직경 30cm로 확공하면 지하 30m 내외에서 남침땅굴이 발견될 테니 잘 감시하라고 당부하고 오전 10시에 모든 장비를 싣고 전원 마산으로 철수했다.

확공을 금지한 사단장의 명령에 대한 저자의 추론

1. 7사단장 정만길 소장과 참모장 임재길 대령이 저자를 배신. (4월 9일 사단장실 회의 참조)
2. 확공할 비트를 가져 오겠다 하니, 남침땅굴의 확인이 성공할 것 같아서 철수케 한 것.
3. 뒤에 들으니, 최모 대위가 서울에 가서 최신 전자기계를 마련해서 땅굴을 찾겠다고 했다.

군대의 약점 – 복마전

1. 각 연대나 사단마다 배경의 힘에 따라 집중적이지 않은 시추 또는 역갱

도 작업으로 시간과 경비만 소모 - 일만 개의 시추공과 전 전선의 땅굴 탐사는 헛수고 또는 헛된 장난에 불과.

2. 사단이나 육군본부나 브리핑으로 시간을 다 보내고, 전방의 청음과 민간인 폭음 신고는 100% 정확한데도 이를 활용하지 않음.

3. 자신의 진급에 너무 집착하는 지휘관의 명령에 절대 복종 - 잘못 판단하면 큰 피해.

4. 정치적 이유 또는 각자의 공명심과 진급을 두고 힘 겨루기 하는 바람에 국민의 혈세만 낭비.

5. 주인 없는 땅굴 확인 공사 - 지휘관이 책임지고 저자의 기술과 의견을 듣고 확공했으면 지하 30m 내외에서 남침땅굴을 쉽게 확인할 수 있었을 텐데…

6. 기계와 장비의 공급 불량 - 경험 없는 사병과 장교가 기계와 장비 없이 수직갱을 공병대의 불도저, 착암기, 폭약으로 수십 미터 파라 하니 되겠는가? 북한은 90년대부터 자동 굴착기 등 최신 장비로 땅굴을 파 내려 오는데…

9. 육본 탐사과장 및 국방부 정보과장과의 대립

보안사령관을 만남

1985.9.13(금) 이틀 전 국회에서 만난 진해 출신 배명국 의원의 주선으로 보안사령관 이종구 중장을 만나, 남침땅굴 탐사원리를 설명하면서 이제까지의 탐사 일지를 요약한 것을 제시했다. 배석자 없이 긴 독대를 했는데 다

들은 후 그는 함께 다니면서 확인하고 의논했으면 좋겠으나, 본인은 시간이 없으니 보좌관(준장)과 의논해서 꼭 땅굴을 확인하도록 하자고 했다.

1985.9.23(월) 보안사의 연락을 받고 진주를 떠나 오후 2시에 보안사령부에 도착해서, 보안사 차장의 안내로 육군본부 땅굴탐사과장 모 대령과 정보관 중령 1명과 오후 4시까지 의견을 나누었다.

탐사과장의 의견

1. 1979~1984 미국 기술진의 장비(C.W.Pass)로 탐사했으나 결과는 없었다.
2. 그간 노르웨이, 일본, 미국 등의 과학적인 장비를 총동원해서 탐사했다.
3. 지금도 최신 장비로 탐사 중이며 연구 중이다.
4. 7사단 거칠비에서 나온 휘발유는 최근에 이북 것을 구해서 분석했는데 아닌 것으로 나왔다.
5. 이 신부님도 7사단에서 반년 동안 탐사하고 시추하고 역갱도를 팠으나 결과는 없었다.

저자의 반론

1. 1984.10.29부터 6개월간 7사단에서 탐사하고, 최신 땅굴 천공 기계(T-IV) 4대로써 천공했다. 그러면 아무런 땅굴 징후와 결과도 없이 신도가 3천여 명인 큰 본당의 임무를 버려두고 천주교 신부가 사단 BOQ에서 기거하면서 6개월을 허둥댔는 줄 아는가?

2. 7사단 지역에서 시추한 지점들은 저자가 정해 준 곳도 있고, 부사단장이 부하들의 의견을 취합해서 결정한 곳도 많이 있다. 부사단장은 저자의 땅굴 공기반응을 믿고 나름대로 시추 또는 굴착에 최선을 다했다. 그러나 땅밑에서는 북한군이 발각되지 않으려고 얼마나 신속히 역대책을 취했는지 아는가? 되메꾼 지점을 시추했을 때 술술 내려가는 땅굴 구간인 2m를 제외하고는 단단한 암반이라 천공이 매우 느린 것을 여러 번 보았다.

3. 시추한 구멍에 하이드로폰을 설치했을 때 지하에서 기계소리, 작업하는 울림소리가 녹음되었고 곁에서 귀로도 들었다.

4. 미국 기술진의 장비(C.W.Pass)의 탐사결과에 대해서는 의문이 간다. 왜냐하면 1984.11.25 오후 8시에 참모장에게 거칠비 74~78m에서 4m 크기의 땅굴 사진 나왔고, 삼택교 소나무 앞 3개 지점에 깊이 17.5m, 25m, 27m에 각각 2m x 2m의 땅굴 사진이 나왔다는 보고를 했다. 그러나 바로 그곳에 1985년 1월 21일에 20.5m의 수직갱을 팠고, 3월 11일 26m의 수직갱을 파고 그 후 30m까지 파내려 갔으나 땅굴은 없었다.

5. 저자가 정해서 역갱도를 뚫은 곳은 깊이에 있어서 착오가 있어서 땅굴을 찾지 못했을 뿐이지, 그곳 몇 미터 아래에 땅굴이 있음을 확신한다.

삼대 멸족 각오한다고 큰소리

뒤이어 국방부 정보과장 조 대령과 중령을 만난 자리에서 정보과장은 "전방 철책선에서 200~300m 이상 남하한 땅굴은 없으며, 현재 그보다 더 멀리 온 땅굴이 있다면 삼대멸족을 각오한다"고 했다.

육군본부에 앉아서 철책선 후방 20~30km에서까지 폭파음이 땅밑에서 얼마나 났는지 확인도 않고, 무조건 장거리 남침땅굴을 부정하는 그가 너무나 경솔한 것 같아서 "당신은 삼대멸족이 무슨 뜻인지 알죠?" 했더니, "물론 알죠. 부친, 나, 내 아들이 삼대죠" 했다. "땅굴을 통해서 역습을 받는 전쟁이 나기만 하면 당신은 총살당할 것입니다"고 했더니, 그도 화가 났는지 "좋습니다"고 했다. 곁에서 듣고 있던 중령이 "목사와는 전혀 다릅니다. 천주교 신부님은 큰소리 치고 무서운 것이 없습니다."고 했다. 그런 말을 주고 받고는 헤어졌다.

10. 다시 7사단에서 땅굴탐사 요청

1987.6.25(목) 7사단의 탐사요청으로 사방거리(화천군 상서면) 전방에 있는 5연대로 가니, 1984년 10월 29일부터 85년 4월 25일까지 6개월간 머물면서 매일 탐사한 곳으로 데리고 갔다. 이곳은 5연대 입구에서 주파령으로 가는 길가의 논으로, 저자가 주선한 민간인 시추기로 천공해서 깊이 28~30m 사이의 땅굴을 확인한 후 확공하려니까 사단장이 이유없이 못 하게 해서 철수한 곳이다. 〈제2부 (8) 참조〉

당시 7사단 참모장 임재길 대령이 그 후 5연대장을 하면서 이곳에서 땅굴을 찾느라고 애썼다고 했다. 당시 저자의 기술과 진심을 믿지 않았던 것은 매우 섭섭하고 아쉬웠지만, 이제 다시 만나서 그때 무슨 말 못 할 이유가 있었는지 듣고 싶었다. 안내하는 장교에 의하면 그간의 경과는 다음과 같다.

- 임재길 연대장이 미국 장비를 가져오게 해서 바로 그 논을 돌아서 몇 백 미터 앞 주
  파령으로 오르는 길가 우측에서 땅굴 반응이 나타난다고 해서 시추하려 했다.
- 그 후 임응승 신부(1923~2015)를 초청해서 그곳을 탐사했더니, 땅굴반응이 나타난
  다고 해서 붉은 선을 그어 놓았다. 그러나 저자가 탐사해 보니 땅굴반응이 아니고 수
  맥이 새나오는 반응을 착각한 듯했다.
- 사방거리에 나와서 탐사했더니 여전히 4개 공간(땅굴) 그대로였다. 사방거리 헌병 초소
  사거리에서 마현리로 가는 길 오른쪽의 예상 출구도 여전히 4개 공간 그대로였다.

1985년 4월 25일 후에도 이곳에서 땅굴을 찾느라 애썼다는데 그 경과는
대충 다음과 같다.

- 한번은 심령추로 탐사하는 민간인이 와서 백암산(흰바우산) 자락과 삼택교 등지를 탐
  사하더니, 땅굴이 추파령을 넘어 좁은 골짜기를 내려가서 칠성 벽(탱크 막는 장벽) 밑
  으로 왔다고 했다. 그는 백암산 1,000m 밑에, 수색대 근처에서는 500m 밑에 깊게
  파고 왔다고 했다. 그는 후방의 광산에서 11개의 땅굴 가운데 6개를 알아맞히고 깊
  이도 정확히 맞혀서 모셔왔다.
- 임 신부는 미국 기술진이 탐사해서 정한 곳에서도 3곳을 정해 주었는데, 군대의
  T-IV 장비로 시추했으나 실패했다고 했다. 저자가 짐작하건대 땅굴반응 즉, 지하공간
  의 공기반응은 잘 몰라서 지하수맥과 온천수맥의 반응을 땅굴로 혼돈한 듯했다.
- 미국 기술진의 탐사는 저자가 볼 때 매우 불확실한 것 같다.
- 최근에는 부산의 동아지질을 적근산 후방 웃마현리에 데려갔더니, 그 전에 저자가 정
  해 둔 지점 근처에서 미국인과 비슷한 방법으로 땅에 수직공을 여러 개 뚫고 폭파시
  켜서 그 울림을 수신해서 판독하는 방법으로 조사해 갔는데, 앞으로 정확한 지점을
  알아서 통보해 주기로 했단다.
- 1985.4.25 저자가 탐지하다 떠난 후 민간인들에게 매월 40만 원을 주면서 1,500만

원을 들여서 코아(보링-시추 해서 나온 암석 막대)를 뜨기도 했다.

-. 군대의 T-IV 장비로 계속 시추작업을 하고 있다.

-. 육군본부 노 중령(누군지 모르지만)은 이종창 신부가 정한 지점이라고 하면, 미신으로 단정하고 그곳에 시추를 못하게 방해했다.

그래서 4개 공간(땅굴) 반응이 있는 곳, 즉 제일 얕은 예상 출구를 저자가 정해 주면, 저자가 탐지한 사실을 아무에게도 알리지 않고, 그 지점들을 시추하기로 5연대는 약속했다. 그리고 오전에 삼택교 부근에서 탐사해 주고 마산으로 돌아왔다.

* 1987년 7월부터 89년 12월까지 2년 반 동안 남미 에콰도르 과야킬 교구에 파견되어, 사막 같은 지역에서 지하수 개발과 선교 활동을 함

11. 탐사와 시추로써 땅굴을 은폐하는 세력

(제3부 남침땅굴 10호선 참조)

2011.8.25(목) 오후 6시 3739부대(기갑여단)에서 열린 회의에서 기갑여단 지역에 땅굴은 없다는 군당국의 결론에 저자의 마음은 갈기갈기 찢어졌다. 너무나 확실한 땅굴반응을 탐지해서 그 깊이까지 확인해 주어도 나를 믿어 주지 않는 군 당국의 판단에 대해 실망과 분노를 억누르면서, 천 몇백리 길을 헛걸음치고 돌아가야 하는 그날의 해거름이 너무나 괴로웠다.

병든 몸을 이끌고 마산서 운천(포천시 영북면)까지 11번이나 오가면서 나라를 위해 최선을 다했으나, 지하에 뻥 뚫어진 공간이 촬영되지 않는다고

"돌은 돌이요, 물은 물이지…"라고 비아냥대면서 지하에 땅굴은 없다고 결정한 합동참모본부 정보운영처의 서준장과 정대령에게 협조한 2011.2.17 부터 거의 7개월 동안 나 자신의 어리석음이 몹시 후회되었다.

뒤에야 알게 된 바로는, 저자가 탐사한 5탱크부대와 15탱크부대의 여러 지점을 민간인 금족령이 내려진 지난 4월에 군 당국이 8개 구멍을 시추했다. 5탱크부대 주둔지에 예상출구로 뻗은 땅굴이라고 저자가 탐지해 준 선線에 첫 구멍을 시추했을 때 물이 많이 나왔는데 두 번째 구멍을 시추할 때는 첫 구멍에서 시추기의 압축공기가 세차게 새 나왔다는 사실이다. 이 현상은 첫 구멍과 두 번째 구멍은 지하의 공간으로 서로 통해 있으며, 그 공간은 길지 않다는 것을 의미한다. 따라서 이 공간이 바로 남침땅굴이고, 이 땅굴의 길지 않은 부분은 이미 앞 뒤가 막혀 있는 것으로 추측할 수밖에 없다. 당시 저자의 탐사일기에는 그 지점의 남침땅굴이 지하 11~13m 에 있는 것으로 기록되어 있다.

그런데, 몇 달 후 군 당국은 저자를 다시 초청하여 8월 18일 5탱크부대에서 군 당국이 시추하는 것을 참관하게 했다. 즉 그들이 이미 3~4개월 전에 시추해 본 구멍에 매우 가까운 한 지점을 다시 시추했는데, 약 20kg/cm^2 압축공기로 시추하는 도중 지하 11~13m 사이에서 지표에 나타나는 공기 반응이 월등히 넓어지는 것을 탐지한 저자는 14m까지만 천공하고 끝내자고 했다. 그 다음에는 몇 십 미터 떨어진 예상출구에 가까운 지점에 또 시추했는데, 역시 11m에서 공기반응의 폭이 크게 넓어지는 것을 탐지한 저자는 14m까지 천공하고 끝내게 했다. 왜냐하면 지하 11~13m 사이에 폭 2m × 높이 2m의 땅굴이 존재하는 것을 저자는 공기반응으로 이미 확인했기 때문이다.

그날 오후 해거름에 합참 정보운영처는 땅굴인가 아닌가를 평가하기 위해서 관계자를 현장에 모이게 했다. 그때 그곳에서 대북정보과장 정대령이 첫 시추공의 케이싱 파이프 위를 덮어 둔 하얀 휴지 같은 것을 가르키면서 "신부님, 저것 보십시오! 만약 지하 11m에 공간(땅굴)이 있다면 두 번째 시추 때 20kg/cm^2 압축공기에 의해 저 휴지가 날아가야 하는데 그냥 있지 않습니까?"라고 했다.

그가 이런 질문을 할 수 있었던 것은, 몇 달 전 (기갑여단에 민간인 금족령 기간에) 저자 모르게 자기들(군당국)이 시추했을 때 첫 구멍에선 물이 나왔고 두 번째 지점 시추 도중에는 압축공기로 인한 바람이 첫 시추공에서 솟는 것을 보았기 때문이다.

한편, 첫 시추공과 두 번째 시추공이 공간(땅굴)으로 통해 있지 않은 이유는, 북한군이 역대책으로 우회땅굴을 굴착하면서 그 부분의 땅굴을 이미 되메웠기 때문이다. 이제까지의 경험으로는, 남한에서 땅굴을 탐사하거나 시추하려는 경우 언제나 북한은 곧바로 이 정보를 알고 신속하게 역대책을 시공해 왔다는 사실이다.

따라서 기갑여단의 땅굴 역시 군 당국이 저자 몰래 시추해 보았을 때 나타나는 현상으로 지하에 공간(땅굴)이 있는 것을 알았지만 한참 기다려서, 북한군이 역대책으로 그 부분의 땅굴을 되메우기 한 것을 확인한 후에야 저자의 눈 앞에서 압축공기의 바람이 나오지 않는 현상으로써 땅굴이 존재하지 않는다고 사기-쇼를 벌였던 것이다.

이런 사기-쇼는 일주일 후 8월 25일 15탱크부대에서도 똑 같이 되풀이
된 후, 그날 오후 6시 회의에서 합참 정보운영처장이 '(기갑여단 지역에는) 땅
굴이 없다'는 결론을 내렸던 것이다.

그러나, 진실은 그렇게 쉽게 묻혀버릴 수는 없다. 북한군이 비록 역대책
으로 우회땅굴을 굴착하면서 나온 암석 부스러기와 그라우팅으로 (땅굴 내
부에서) 급히 땅굴의 일부 구간을 되메우긴 했으나, 원래의 암반과는 달리
땅굴의 천정 부분에는 미세한 틈새가 있을 수밖에 없다.

따라서 두 번째 구멍을 천공할 때는 소량의 공기가 새나가기 때문에 하
얀 휴지가 날아가지는 않았지만, 저자는 지하 11~13m 시추 때 지하의 공
기반응을 탐지할 수 있었던 것이다. 뿐만 아니라 되메운 부분 즉 2m(높이)
는 천연 암반보다 연약해서 시추기의 천공(굴착) 속도가 훨씬 빠르므로 시
추 전문가라면 이것 역시 쉽게 감지할 수도 있다.

1974년 12월 2일 1사단의 요청으로 파주시 광탄면에서 처음 탐사한 이
래 38년간 땅굴을 탐사하면서, 장거리 남침땅굴의 존재를 부정하고 은폐
하려는 군 관계자들을 많이 보아 온 저자에게도, 이날은 너무나 슬프고 개
탄스러운 날이었다. 저자에게 2011.8.25은 군부대의 초청으로 땅굴을 탐
사한 마지막 날이었다.

제 3 부
2008년 이후 땅굴탐사

| 2008.5 출간 『땅굴탐사 33년 총정리』 이후 땅굴탐사 |

남침땅굴　　　1호선

남침땅굴　　　2호선

남침땅굴　　　4호선

남침땅굴　　　6호선

남침땅굴　　10호선

남침땅굴　17-2호선

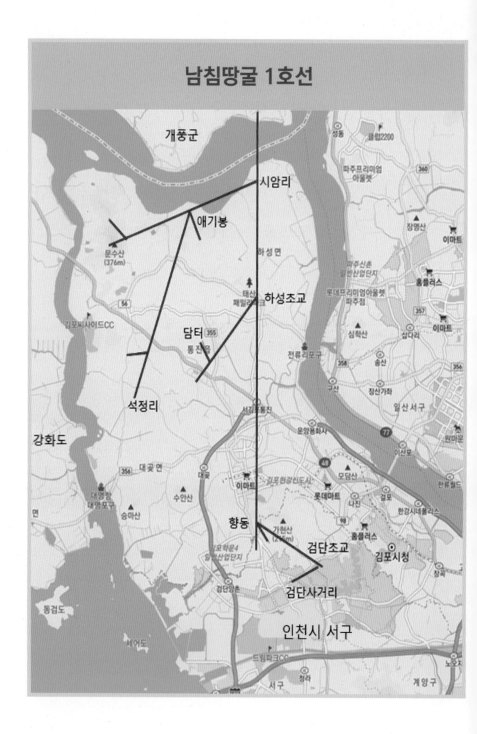

남침땅굴 1호선

개풍군

성동 캠핑2200

파주프리미엄
아울렛

360

시암리

애기봉

장명산

이마트

하성면

문수산
(376m)

파주신촌
일반산업단지

홈플러스

태산
패밀리파크 하성조교

롯데프리미엄아울렛
파주점

56

심학산

357

이마트

김포씨사이드CC

담터 355

전류리포구

358

송산

삽다리

356

통진읍

석정리

구산

장산가좌

일산 서구

강화도

서김포통진

운양봉화사

77

356 대곶면

대곶

48

모담산

이산포

원마운

대명항
대명포구

이마트

김포한강신도시

롯데마트

나진

걸포

한류월드

면

수안산

향동

가현산
(215m)

98

홈플러스

한강시네폴리스

송마산

검단초교

김포시청

장곡

김포학운4
일반산업단지

검단양촌

검단사거리

인천시 서구

동검도

서어도

드림파크CC

노오지

서구 청라

계양구

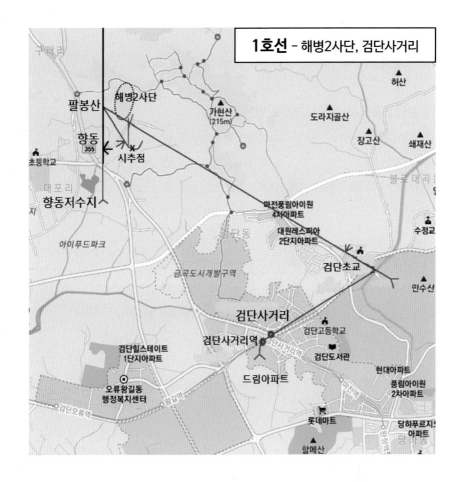

1호선 – 해병2사단, 검단사거리

땅굴반응 포착한 지점의 탐사일 및 GPS 좌표

(1) 팔봉산에서 해병2사단으로 뻗은 땅굴

향동 대성교회 앞(2008.7.4) (37° 37' 27.40", 126° 38' 42.10")
해병2사단 진입선 시추(2008.9.11) (37° 38' 24.90", 126° 38' 43.00")
해병2사단 부근 재탐사(2015.5.27) (37° 37' 04.80", 126° 38' 11.39")
(37° 37' 04.92", 126° 38' 10.70")

(2) 팔봉산에서 검단초교로 뻗은 땅굴

검단초등학교(2008.12.16)   (37° 36' 52.60", 126° 40' 18.60")

(3) 검단초교에서 검단사거리로 뻗은 땅굴

검단사거리 앞 (2015.5.27.)   (37° 36' 06.67", 126° 39' 28.82")

검단사거리역   (37° 36' 05.52", 126° 37' 23.37")

검단사거리 드림아파트   좌 (37° 36' 02.82", 126° 37' 15.44")

                        우 (37° 36' 01.05", 126° 37' 15.58")

(4) 1호선 남단 연장된 땅굴

향동저수지(2015.5.27.)   좌 (37° 37' 04.92", 126° 38' 11.39")

                        우 (37° 37' 04.86", 126° 38' 50.70")

김포에서 첫 남침땅굴 발견

1984.10.24 해병2사단 정보참모의 초청으로 땅굴을 탐사하러 김포에 처음 갔는데, 이는 김포시 통진읍 마송리에서 지하수를 개발하던 업자가 지하 30m에서 땅굴 징후를 발견한 신고가 있었기 때문이다. 그날 저자는 이곳에서 탐사한 결과 땅굴의 존재를 탐지했다.

그날 저녁에 사단장과 군종 신부를 만나러 사단본부로 가면서 차 안에서 탐사했더니 사단 정문 부근에서도 땅굴반응이 나타났다. 이전부터 김포반도의 최북단에서는 지하 폭발음이 신고되곤 했으나, 훨씬 남방인 해병2사단 본부 부근에서는 땅굴 징후의 신고가 없었다.

1984.10.25 즉, 이튿날 저자는 하성면 하사리와 통진읍 담터마을 등을 탐사하고 땅굴반응을 체험했다. 그 후 1985년, 1996~2002년까지 해마다, 2007.10.4에도 저자는 김포 지역을 탐사했는데, 이들 탐사 결과는 2008. 5.8 출간된『땅굴탐사 33년 총정리』에 수록되어 있다.

해병2사단본부 정문 부근의 시추

2008.7.4에는 해병2사단본부 부근을 탐사했는데, 향동 대성교회 앞의 땅굴 공간반응을 따라가면서 탐지한 결과, 사단본부 정문 남쪽 지역을 시추하기로 결심했다. 그러나 시추 전 땅 주인의 허락이 있어야 하므로, 인천에 거주하는 땅 주인을 오래 접촉해서 겨우 허락을 받았는데, 이때 예비

역 박춘식 준장의 도움이 컸다.

이곳은 한강의 남북분계선에서 약 17.5km 남방인데 2008.9.11 시추한 결과, 북한이 미리 알고서 역대책으로 예상 출구 지점까지 이미 굴착한 약 200m의 땅굴을 버리기로 하고 그 앞에 방수시멘트와 굴착시 나온 버럭으로 메꾸어버린 것을 알게 되었다. 시추하기 훨씬 전에 탐지했을 때도 고철 수집상의 집하장 좌측으로 땅굴반응이 나타났으나, 농가들이 밀집해 있어서 세밀히 탐지하지 못했다.

이것은 저자의 개인 비용으로 시행한 시추로서 사전에 해병2사단에 참관을 요청해 두었으므로, 오전 9시부터 시추가 끝날 때까지 평복차림의 현역 2명이 비디오 카메라로 모든 것을 촬영하고 녹음했다. 직경 5cm 빗트로 시추 결과 10m까지는 흙층이고, 그 아래는 암반층으로 암반 갈리는 소리와 함께 황토색의 로테이션 물(시추할 때 주입한 물이 흙 또는 암석 가루와 함께 용출되는 물), 그 다음에는 회색 물이 올라 왔다.

2008.9.11 직경 5cm로 시추한 시추공 (붉은 헝겁으로 막은 곳) 앞에서 박춘식 예비역 준장과 저자.

★땅굴에서 파란 물이 솟아올라

그러나 36.2~38.2m 사이에서는 암반 갈리는 소리가 끊어지고 로테이션 물도 나오지 않았으나, 38.2m부터는 다시 암반 갈리는 소리와 함께 로테이션 물이 올라 왔으므로 36.2~38.2m 사이에 2m 높이의 땅굴의 존재를 확인할 수 있었다. 그래서 40m까지만 천공한 후, 시추기의 롯드(Rod, 쇠막대)를 빼 올려 비트(Bit, 암석을 갈아서 파내는 끝 부분)까지 나오자 파란 물이 펑 하고 쏟아졌다.

땅굴은 경사가 있기 때문에 절대로 지하수가 고이지 않는다. 그러므로 이 부분의 땅굴은 이미 몇 달 전에 역대책으로 꽁꽁 막혀서 지하수가 가득 고였고, 그 동안 고인 지하수가 그라우팅(Grouting)에 사용된 방수 시멘트 등의 화학물질에 의해 파란 색으로 변한 것을 알게 되었다. 그리고 시추한 지점이 공교롭게도 북한이 메꾸어버린 구간을 지나 지하수가 고여 있는 즉, 포기한 땅굴 쪽이었던 것이다.

시추 지점(땅굴의 깊이 약 36.2m)에서 땅굴이 약 200m 더 전진한 지점에서 탐사한 결과 땅굴의 깊이가 약 21m였으니, 땅굴의 깊이 차이 약 15m의 수압에 의해 직경 5cm 시추공으로 파란 물이 펑 쏟아져 나온 것이었다. 파란 물은 페트병에 담아서 아직도 보관하고 있다.

2008.12.17에는, 땅굴 내부를 촬영하기 위해 이미 뚫어 놓은 구멍을 직경 15cm 비트로 확공(擴孔,구멍을 더 크게 뚫음)했는데 역시 파란 물이 나왔으나 촬영에는 실패했다. 이것은 땅굴 내부에 지하수가 가득 고여 있어 촬영할 수 없는 사실을 모두가 몰랐기 때문에 일어난 헛수고였다.

그 후 2015.5.27에야 3개의 다용도 땅굴공간(⟱)이 있는 곳에서부터 사단 방향으로 탐지해서 별도의 땅굴이 해병2사단본부 울타리까지 완성 되어 있음을 알게 되었다.

2008.12.17 인천시 서구 검단리 신촌마을(해병2사단 남방)에서 땅굴 내부 촬영을 위해 기존 직경 5cm 시추공을 15cm로 확공했을 때도, 지하 36.2m까지는 암반 가루가 섞인 회색의 로테 이션 물이 나옴.

지하 36.2~38.2m 사이에선 암석 갈리는 소리가 나지 않고 파란 물 이 나왔음. 2008.9.11 처음 동일 지점을 직경 5cm 비트로 시추했 을 때도 동일한 현상 발생.

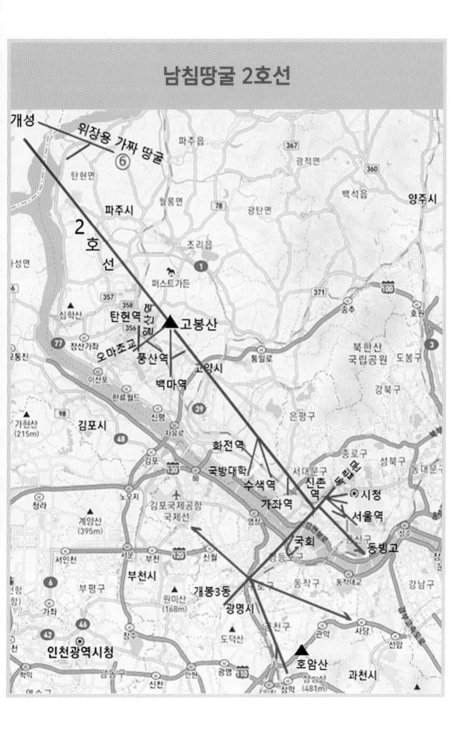

남침땅굴 2호선

개성
위장용 가짜 땅굴 ⑥
탄현면
파주읍
367
광적면
360
백석읍
양주시
파주시
일롱면
78
광탄면
2 호 선
조리읍
①
퍼스트가든
371
100
송추
357
성면
358
356
심학산
탄현역
오마조교
풍산역
▲ 고봉산
고양시
통일로
호원
북한산 국립공원
도봉구
3
77
장산가좌
백마역
이산포
한류월드
신평
자유로
39
은평구
강북구
가현산 (215m)
98
김포시
48
김포
김포국제공항 국제선
노오지
88
종로구
성북구
동대문구
화전역
국방대학
수색역
가좌역
신촌 역
독립문
서대문구
◉시정
▶서울역
청라
계양산 (395m)
서운
부천
120
신월
국회
엽산
강변행로
동빙고
장
6
서인천
부평구
가좌
46
원미산 (168m)
개봉3동
광명시
도덕산
동구
동작구
동작대교
강남구
42
인천광역시청
동구
구로구
관악
사당
선암
학익
신천
안천
광명
10
호암산
삼성산 (481m)
과천시

2-1) 탄현역, 일산역, 백마역으로 뻗은 남침땅굴

땅굴반응 포착한 지점의 탐사일 및 GPS 좌표

경의선 탄현역(2007.11.14)   (37° 41' 53.90", 126° 45' 58.70")

A(오마초교 인근 탄현역 방향, 2014.9.19.)   (37° 40' 38.81", 126° 45' 44.33")
오마초등학교 정문(2014.9.19.)   (37° 40' 37.77", 126° 45' 45.13")

오마초등학교 서남방에서 분기 후 문촌아파트 단지 내 예상출구(◁)

좌 (37° 40' 30.38", 126° 45' 48.42")

우 (37° 40' 30.35", 126° 45' 48.45")

경의선 일산역 (2014.9.19.)　　(37° 40' 55.31", 126° 45' 08.35")

역광장 건너 문화공원　　　(37° 4-' 52.85", 126° 45' 08.98") 고도 17m

경의선 풍산역 (2014.9.19) 대로 예상출구 좌 (37° 35' 10.68", 126° 52' 35.41")

경의선 백마역 북방 창고땅굴 (↓) (37° 39' 13.90", 126° 47' 58.70")

백마역 광장 (37° 39' 29.97", 126° 47' 38.26") 지나 예상출구 위해 분기(◁).

　탄현역의 예상출구 2개는 남쪽에서 온 땅굴임을 2007.11.14. 탐지했으나 출발 분기점을 몰랐다. 그런데 7년 후 2014.9.19 일산역을 탐사할 때 땅굴이 오마초등학교로 향하고, 그 학교 정문에서 북쪽(180°)으로 뻗은 것을 탐지하고, 지도 위에 표시했더니 탄현역으로 뻗은 것을 확인할 수 있었다.

2-2) 9사단으로 향한 남침땅굴

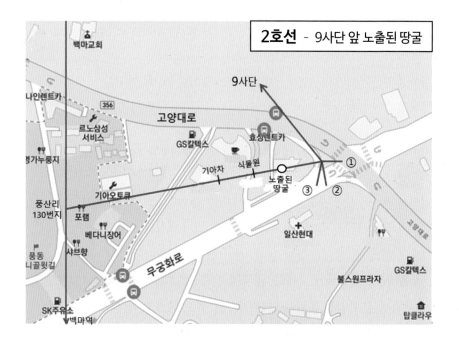

땅굴반응 포착한 지점의 탐사일 및 GPS 좌표

2014.10.6 및 10.27

9사단 정문 좌측	(37° 40' 47.59", 126° 47' 51.08")
노출된 땅굴(풍산동 833-5번지)	(37° 40' 36.11", 126° 47' 55.07")
다용도 창고(땅굴) ① 90° 고도 28m	(37° 40' 37.28", 126° 47' 59.13")
창고(땅굴) ② 170° 고도 28m	(37° 40' 26.71", 126° 47' --.--")
창고(땅굴) ③ 190° 고도 32m	(37° 40' 36.95", 126° 47' 57.35")
식물원	(37° 40' 37.98", 126° 47' 47.99") 고도 37m
기아차 정비소	(37° 40' 37.89", 126° 47' 45.34") 고도 25m

2014.9.16 일산동구 풍산동 833-5번지(당시의 주소)에서 택지 조성을 위해 약 8m의 산자락을 깎아 평지로 만드는 중 폭1.5m 높이2m의 땅굴이 동서로 뻗어 있는 것을 발견했다. 이 땅굴은 점점 얕아지면서 9사단 정문 서쪽 담벽 안으로 뻗어 있다.

이 땅굴은 택지 평탄 작업 중 무너져 노출된 지점에서 분기점(풍산리 130번지) 방향으로 약 30m 들어간 곳은 벽돌로 막혀 있는데, 이것은 북한의 역대책인 되메우기와는 다른데 누가 막은 것인가, 북측인가? 남측인가? 게다가 땅굴 내부의 양 옆으로는 60~70cm의 둥근 나무가 나란히 세워져 있는데, 부식 상태로 보아 이미 수십 년이 경과된 것 같다.

뿐만 아니라, 모든 남침땅굴의 경우처럼, 이 땅굴에도 노출된 땅굴 전방 약 40m에 폭 2m, 길이 20~30m의 다용도 땅굴(↘) 3개를 굴착했으므로 예상 출구(─◁) 역시 2~3백 미터 이내일 것으로 추정된다.

저자의 추측으로는 이미 수십 년 전에 낮은 야산 지대인 이곳에 9사단 정문 좌측 방향으로 남침땅굴을 만들어 놓았으나, 그 후 대대적인 도시계획으로 고양대로와 무궁화로가 생기면서 주변이 모두 평지로 변했기 때문에 이 땅굴은 쉽게 노출될 수 있으므로 용도 폐기한 것 같다.

물론 이것을 포기한 대신 9사단에 침투할 수 있는 별도의 땅굴을 만들어 놓았을 것이다. 이 땅굴을 역방향으로 추적하면 별도의 땅굴뿐만 아니라, 남침땅굴 2호선 전체를 확인할 수 있을 것이다.

군 당국은 이 땅굴을 임진강에서 끌어오는 농업용수의 지하 수로라는 터무니없는 궤변으로 얼버무리고 있으나, 이 땅굴은 남북이 아닌 동서 방향이고, 9사단 쪽으로 점점 지표로 올라오기 때문에 결코 농수로일 수 없다.

2014.9.16 9사단 정문 부근에 택지 조성 중 천정이 무너져 노출된 남침땅굴

침하된 구멍의 바닥과 주위의 흙을 파낸 후 동쪽으로 땅굴을 들여다 봄

노출된 구멍에서 서쪽으로 본 땅굴

벽돌로 막힌 곳까지 거리의 측정

남침땅굴에서 나온 부식된 침목들

'지하 농업용 수로'라는 터무니없는 궤변으로 얼버무리고 있는 9사단 중령의 배후는?

2-3) 국방대학 및 화전역으로 뻗은 남침땅굴

땅굴반응 포착한 지점의 탐사일 및 GPS 좌표

(1) (구) 국방대학으로 뻗은 땅굴 (2014.9.19)

향동 B3 아파트 → 국방대학 (39' 29.97", 47' 38.26") 고도 19m

(2) 경의선 화전역으로 뻗은 땅굴 (2007.5.14)

덕은교 교차로 → 화전역 (36' 23.90", 52' 06.30") 고도 19m

   2007.5.14 화전역의 예상출구는 남동쪽에서 온 땅굴임을 탐지하고 그 분기점을 몰랐으나, 2014.9.19 국방대학으로(190°)뻗은 땅굴을 탐사하면서 덕은교 교차로에서 분기한 것을 탐지했다.

2-4) 국방부, 덕수·미동 초등학교, 서강대학으로 뻗은 남침땅굴

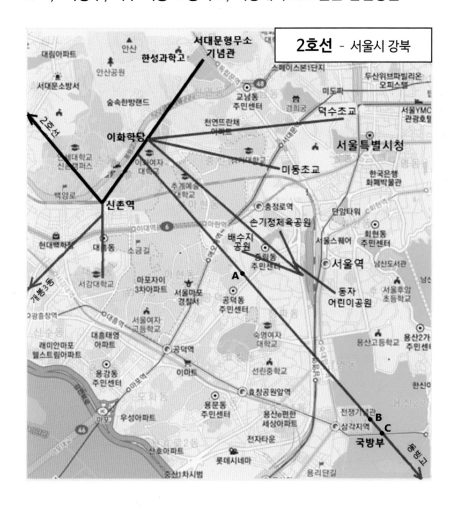

2호선 - 서울시 강북

땅굴반응 포착한 지점의 탐사일 및 GPS 좌표

(1) 국방부 및 동빙고 방향으로 뻗은 땅굴

2호선을 신촌역 동북(대신동 144-4)에서 분기해서 아현동의 소의초교와 청파동
의 숙명여대 입구를 지나 용산동 전쟁기념관과 국방부와 미군부대를 경유해서

동빙고로 뻗은 것으로 보임.

A(소의초교, 2019.6.21)   (37° 33′ 09.36″, 126° 57′ 37.46″) 고도 76m
B(전쟁기념관, 2019.8.13)   (37° 33′ 13.40″, 126° 58′ 44.25″)
C(국방부/미군부대, 2019.8.13.) (37° 33′ 06.81″, 126° 58′ 46.99″)

(2) 덕수초교로 뻗은 땅굴(2013.10.14)

2호선을 이화학당(이대행정관)에서 분기해서 덕수초교로 뻗어 예상출구 2개를 냄.

덕수초교 정문   (37° 34′ 09.84″, 126° 58′ 38.82″)
덕수초교 정문 지난 지점   (37° 34′ 06.52″, 126° 58′ 38.97″)
광화문 이순신장군 동상 아래 입구 (37° 34′ 10.09″, 126° 58′ 58.34″)

(3) 미동초교로 뻗은 땅굴(2013.3.26)

2호선을 이화학당(이대행정관)에서 분기해서 미동초교로 뻗어 예상출구 2개를 냄.

미동초교 입구   (37° 34′ 45.75″, 126° 56′ 02.89″) 고도 43m
학교 지난 지점   (37° 35′ 48.87″, 126° 57′ 53.55″)
대로와 철로 교차 지점 출구 (37° 33′ 43.53″, 126° 58′ 06.26″)

(4) 서강대학으로 뻗은 땅굴

경의선 신촌역에서 서강대로 뻗어 예상출구 2개를 냄.

신촌역(2007.8.27.)   (37° 33′ 43.40″, 126° 56′ 46.70″)
서강대학(2013.3.26) 밖 분기점(⤙) (37° 33′ 26.00″, 126° 56′ 53.00″)
교내 예상출구   좌   (37° 33′ 01.30″, 126° 56′ 32.44″)

2-5) 서울역과 손기정체육공원으로 뻗은 남침땅굴

땅굴반응 포착한 지점의 탐사일 및 GPS 좌표

(1) 청파어린이공원으로 뻗은 땅굴

봉래초교(2010.6.24.)	(37° 33' 30.00", 126° 57' --.--")
국립극단 소강당(2012.10.22.)	(37° 33' 41.58", 126° 58' 05.65")
청파어린이공원 좌 미끄럼틀(2019.6.4.)	(37° 33' 23.20", 126° 58' 19.10")
철도 건물 정문(2010.6.24.)	(37° 33' 34.40", 126° 58' 45.20")

(2) 만리배수지공원으로 뻗은 땅굴

용진슈퍼(2019.6.4.)	(37° 33' 13.50", 126° 57' 58.60")

〃 에서 배수지공원 쪽(2017.3.7.)　(37° 33' --.--", 126° 58' 05.17")
장위동 유성식당 주차장 예상출구 전(2017.8.29) (37° 33' 12.58", 126° 58' 20.93")

(3) 세계어린이집에서 손기정체육공원으로 뻗은 땅굴

세계어린이집 (2017.3.7)　(37° 33' 14.11", 126° 58' 05.12")
　〃 인근 어린이놀이터 쪽 (2018.10.16) (37° 33' 15.95", 126° 58' 01.43")
　〃 에서 어린이놀이터 쪽 (2017.8.29) (37° 33' 12.32", 126° 58' 01.58") 고도 41m
어린이놀이터 예상출구 전(2019.6.4) (37° 33' 24.11", 126° 57' 58.82") 고도 62m

(4) 서울역 횡단해서 구 동자공원(현 KDB생명)으로 뻗은 땅굴

서울역 횡단 기점((2017.2.7)　　　　　(37° 33' 23.2", 126° 58' 09.10")
(구) 동자공원 (KDB생명)(2017.8.29)　좌 (37° 33' 14.27", 126° 58' 20.47")
　　　　　　　　　　　　　　　　우 (37° 33' 12.58", 126° 58' 20.92")

* 이 땅굴은 서울역 지하에서 인천공항으로 가는 공항전철의 건설로 차단되는 것을 알게 된 북한이, 서둘러서 **역대책**으로 해당구간의 땅굴을 되메우고 청파공원 유치원 건물 우측에서 북쪽으로 장병서비스 시설(좌측 공동변소 옆) 쪽으로 돌려서 3~4번 승강구에서 원래의 동자공원으로 뻗은 남침땅굴과 연결되는 우회 땅굴을 만들었다.

(5) 역대책의 우회 땅굴 탐사(2017.8.29)

　우회로 기점　(37° 33' 11.21", 126° 58' 05.30")
　우회로 중간점　(37° 33' 15.63", 126° 58' 08.82")
　우회로 종점 - 서울역 3/4승강장 (37° 33' 12.02", 126° 58' 16.75")

★ 서울역 후문(청파어린이공원) 땅굴 좌우 측 출구 탐사
 - 땅굴 굴착공사 진척의 일지

2010.06.24.	봉래초교 (37° 33' 30.00", 126° 57' --.--")
09.14.	청파공원 (37° 33' 20.10", 126° 58' 11.00")
10.24.	청파공원 정문 (37° 33' 34.40", 126° 58' 45.20")
2011.03.22.	서울역 후문 공원

♣공기반응(#16): 땅굴에 몇 사람 있는 필자 고유의 치수

03.26.　15:30 서울역 3-4승강구

♣공기반응(#17): 땅굴에 사람 있는 필자 고유의 치수

05.31.　청파공원 미끄럼틀 좌 (37° 33' 26.90", 126° 58' 09.50")
　　　　　　　　　　　　　우 (37° 33' 22.20", 126° 58' 58.14")

110°선 다용도 땅굴(↙) 4개 (37° 33' 21.60", 126° 58' 10.00")

2011.08.04.　19:00 서울역 구내 3-4승강구

♣공기반응(#13): 땅굴에 사람 있는 필자 고유의 치수

09.14.　예상 출구 전 분기점(≺)을 낸 것을 확인.

2013.10.10.　110°선(서울역) 3~4승강구 (37° 33' 12.03", 126° 58' 16.76")

| 10.22. | 땅굴이 국립극단 소강당 벽 안으로 들어갔음. |

10.22.   땅굴이 국립극단 소강당 벽 안으로 들어갔음.

               공원과 극단 사이

               도로변 벽 좌 (37° 33' 11.58", 126° 58' 05.65")

                        우 (37° 33' 11.65", 126° 58' 06.27")

2016.10.13.   국립극단 벽에서 110° 방향으로 서울역 3~4승강장으로

               뻗은 것 확인

2017.02.11.   국립극단 소강당 밖으로 나옴

                        좌 (37° 33' 11.58", 126° 58' 05.65")

                        우 (37° 33' 11.65", 126° 58' 05.58")

               코레일 숙소 울타리 좌 (37° 33' 11.93", 126° 58' 05.17")

               소공원 측문 우 (37° 33' 12.01", 126° 58' 31.52")

03.07.   우측 선은 유치원 건물 우측 모서리

                   (37° 32' 14.11", 126° 58' 05.12")

               ♣공기반응(#8) 나옴: 땅굴에 사람이 있다는 필자 고유의 반응 치수.

               ♣청파공원 우측 미끄럼틀에서 서울역 3-4승강구로 110° 방향으로
                 뻗은 것을 역대책으로 다시 북쪽으로 돌렸음을 확인함.

               철도 건물 앞 좌측 (37° 33' 15.63", 126° 58' 08.52")

2017.08.29.   코레일 숙소 길(37° 33' 15.63", 126° 58' 08.82")

               우(유치원 모서리에서 부뚜막식당)

                   (37° 33' 15.27", 126° 58' 04.67") 고도 42m

12.05.   남침땅굴이 만리재로를 지나가지 않았음.

2018.08.29.   서울역 구내 3-4승강구를 지나 역 밖으로 나와 동자공원에서

               2개로 분기 좌 (37° 33' 14.23", 126° 58' 05.38")

                        우 (37° 33' 12.32", 126° 58' 01.18")

코레일 숙소 도로벽 대나무밭 (37° 33' 12.58", 126° 58' 20.98")

10.16.   만리재로 건너 우측 (37° 33' 12.95", 126° 58' 01.43") 고도 37m

2019.06.04.   좌(용진슈퍼) (37° 33' 13.59", 126° 57' 54.60")

06.04.   손기정기념공원 축구장 옆, 어린이놀이터 우측 예상출구 전
         소나무가 마르고 있음. (37° 33' 24.11", 126° 57' 58.82")

06.21.   우 (소나무 좌우 수십 년 생도 마르고 있음. 그 아래
         땅굴반응 확인)

* 경기여상(현 서울의료보건고) 후문 안쪽(C)으로도 출구가
  예상되나 탐지 못함.

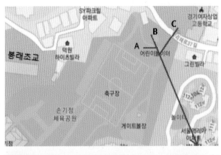

우측 예상출구 위 B소나무 마르고 있음   좌측 예상출구 위의 A소나무 마르고 있음

2-6) 국회, 개봉3동, 호암산, 김포공항, 남태령으로 뻗은 남침땅굴

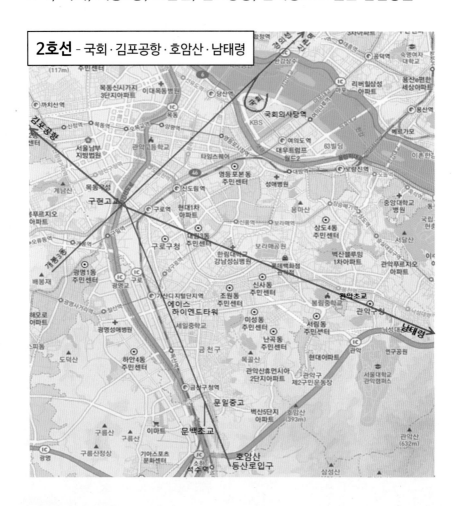

땅굴반응 포착한 지점의 탐사일 및 GPS 좌표

(1) 경의선 신촌역 남쪽(노고산)에서 개봉3동으로 뻗은 땅굴

구현고교 지나서 개봉3동 방향의 지점	(37° 30' 06.25", 126° 52' 02.01")
구로구 개봉3동(2012.10.22)	(37° 29' 21.59", 126° 51' 23.34")
개봉3동 성령축제교회	(37° 29' 21.51", 126° 51' 23.34")

★개봉3동 403-91번지에서 지하 폭파음 청취

2012.10.21. 김광명 목사(개봉3동 성령축제교회)가 10.8부터 매일 지하
            폭파음을 수차 신고

10.22. 14:30 저자도 (안과병원에서) 안압측정 때 나는 소리처럼
        퍽! 하는 소리를 청취하고, 김광명 목사 외 신도 10명도
        지하 폭파음을 청취한 사실을 확인.

2013.1.20.경 어느 전도사에게 확인 결과, 폭파음의 회수와 크기가 점차
             줄어들고 있었음.

이 폭파음은 개봉3동 최종출구의 지하 암반 끝에서 터트리는 소량 폭약의 폭파음이고, 주거 밀집지역으로 대로변의 하수구를 향해서 2개의 출구를 내고 있는 것으로 추측됨.

(2) 국회로 뻗은 땅굴(2014.8.23. 탐사)

경의선 신촌역에서 서강대학으로 뻗은 땅굴의 노고산 분기점(37° 33' 43.30", 126° 56' 46.70")에서, 다시 135° 방향 개봉3동으로 뻗은 지선이 한강 바닥 밑에서 분기함.

이 분기선이 반원을 그리며 점차 지표로 가까이 접근하면서, 국회의사당과 국회 한옥사랑채 사이를 빠져 국회의사당 앞 잔디광장과 지하철9호선의 국회의사당역을 경유해서 국회도서관 앞을 경유해서 헌정기념관과 의정연수원 사이로 빠져 한강공원(다목적문화마당 좌측)으로 뻗어 있음.

지하철9호선 국회역 우측 국회대로 동남변에 싱크홀 있었음.

(37° 31' 57.24", 126° 54' 55.73")

국회도서관에서 국회대로 건너편 동남변에도 싱크홀 있었음

(37° 31' 47.99", 126° 55' 09.36")

*땅굴반응 지점과 싱크홀 발생한 지점과 정확하게 일치함을 확인함.

(3) 구로구에서 지하철1호선 석수역 동쪽으로 뻗은 땅굴

구현고교에서 8km 남하한 이 남침땅굴은 160°로 남하하여 금천구 문일중고를 지나 계속 뻗어 지하철1호선 석수역 동쪽 350m 호암산숲길공원(등산로입구, 시흥시 973 - (구)주소)에서 다목적 창고땅굴(↙)을 내고 분기해서 예상출구(◀) 2개를 냈음. 이 땅굴이 길게 남하한 것은 관악산과 남태령 인근의 군사 시설과 과천 정부종합청사(현재 세종시로 이전 중)를 겨냥한 것이 아닌가 추측되나, 이 2개 목적지와는 멀리 떨어져 있으므로 저자가 미처 탐사하지 못한 별도의 남침땅굴이 존재할 수도 있음.

한편 문일중고에서 다목적 공간(창고땅굴) 3개를 동쪽으로 낸 후, 그 중 하나는 180° 방향으로 남하한 지선은 금천구 문백초교로 뻗어 있는데, 이 땅굴은 문백초교 옆을 지나가는 경부선을 차단하기 위한 것으로 추측됨.

구로구 구현고교(2014.4.8)　　(37° 30' 06.35", 126° 52' 29.91")
구로기계유통단지(2014.4.8)

에이스하이엔드타워(가산동 60-25번지, 2014.3.10) (37° 29' 21.59", 126° 53' 11.27")
금천구 두산초교(2014.4.8.)　　(37° 27' 59.59", 126° 53' 27.27") 고도 78m
금천구청(2014.4.8)　　　　　　(37° 26' 22.60", 126° 53' 43.90") 고도 57m
금천구 문일중고(2014.4.8.)　　(37° 26' 59.25", 126° 53' 57.89") 고도 42m

다목적 창고땅굴(2014.4.28)

　　　　　북(120°) (37° 26′ 53.95″, 126° 53′ 58.52″)

　　　　　중(140°) (37° 26′ 54.43″, 126° 53′ 58.00″)

　　　　　남(180°) (37° 26′ 53.27″, 126° 53′ 57.43″) 고도 35m

금천구 문백초교 방향으로 탐사(2014.4.8/18)

지하철1호선 석수역 우측 땅굴 - 호암산숲길공원(2014.4.22)

　　　　분기점　　　　　(37° 26′ 02.28″, 126° 54′ 22.86″)

　　　　예상 출구　북 (37° 25′ 59.82″, 126° 54′ 53.96″)

　　　　　　　　　남 (37° 25′ 57.06″, 126° 54′ 23.08″)

땅굴 예상출구 2개가 탐지된
호암산숲길공원 (호암산 등산로입구,
석수역 동쪽 350m)

★에이스하이엔드타워 지하로 지나가는 땅굴

2014.03.10.　　금천구 가산동 60-25번지의 에이스하이엔드타워 지하2층 아래에서 운반기계 지나가는 소리와 진동을 신고 받은 남굴사(남침땅굴을 찾는 사람들) 대표 김진철 목사의 안내로, 현장에 가서 탐사 결과 그 건물의 지하를 거의 남북(160°)으로 지나는 땅굴반응을 확인함. 따라서 구현고교에서 분기하여 지하철1호선 석수역 동쪽으로 향하는 땅굴은, 이곳에서는 이미 완성되어 중간 통로로 활용되고 있는 것으로 추측됨.

에이스하이엔드타워 정문에서 남굴사
대표 김진철 목사, 저자, 회사원
(2014.3.10)

(4) 구로구 구현고교에서 김포공항으로 뻗은 땅굴(2020.5.12 탐사)

구현고교에서 서북쪽(310° 방향)으로, 아마 김포공항을 목표로 뻗은 땅굴은 양천구 신월2동 주민센터를 지나 신월5동 55-17번지를 지나는 것까지 확인함.

구현고교(37° 30' 06.35", 126° 52' 29.91")
양천구 신월5동 55-17번지

(5) 구로구 구현고교에서 남태령으로 뻗은 땅굴(2020.5.12 탐사)

구현고교에서 동남쪽(110° 방향)으로, 아마 남태령을 목표로 뻗은 땅굴은 관악구 관악초교를 지나는 것까지 확인함.

구현고교 (37° 30' 06.35", 126° 52' 29.91")
관악구 관악초교 정문 우측 (37° 28' 56.0 0", 126° 56' 57.20")

남침땅굴 4호선

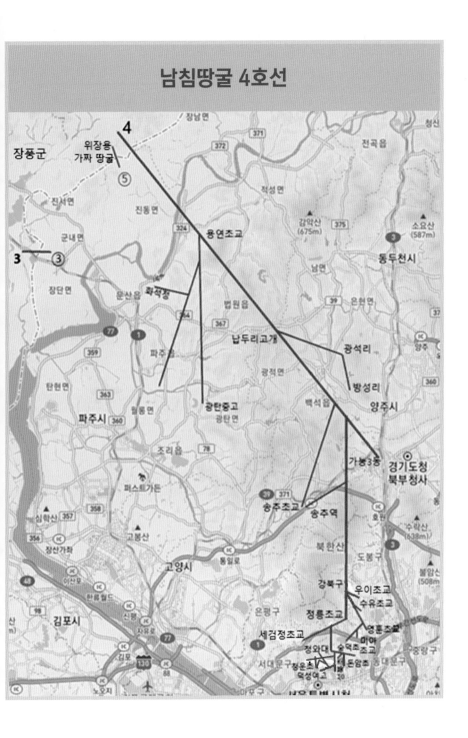

4-1) 송추초등교 및 교외선 송추역으로 뻗은 지선

4호선 - 송추초교, 송추역

땅굴반응 포착한 지점의 탐사일 및 GPS 좌표

의정부시 가능3동(2013.10.14.)   (37° 44' 03.30", 127° 00' 23.80")

의정부시 울틔고개(2010.1.29.)   (37° 43' 39.80", 126° 59' 35.90")

송추초등학교(2010.1.29.)   (37° 42' 46.60", 126° 58' 23.80")

교외선 송추역 (2010.1.29.)   (37° 43' 37.70", 126° 58' 38.20")

송추초등학교 운동장의 교단을 측량 기점으로 했으며, 교단 아래에 다목적 공간 (창고 땅굴, 2m × 2m)을 50m 길이로 3개(↘↙) 만들었음.

4-2) 정릉, 영훈, 숭덕 초등학교로 뻗은 지선

4호선 - 정릉·영훈·숭덕 초등학교

땅굴반응 포착한 지점의 탐사일 및 GPS 좌표

우이초등학교(2013.5.3.)   (37° 38' 14.58", 127° 01' 01.59") 고도 59m
수유초등학교(2010.1.18.)   (37° 37' 48.68", 127° 01' 25.40")
영훈초등학교(2010.1.29.)   (37° 36' 32.80", 127° 01' --.--")
미아초등학교(2010.2.8)   (37° 36' --.--", 127° 01' 35.50")

숭덕초등학교(2010.2.8.)   (37° 36' 27.40", 127° 00' 33.50")

정릉초등학교
세검정초등학교(2012.3.26.)   (37° 35' 08.87", 126° 57' 00.41")

국민대학교(2010.1.29.)   (37° 36' --.--", 126° 59' --.--")

위의 모든 탐사지점에서는 운동장의 교단을 측량 기점으로 했으며, 교단 아래에
다목적 공간(창고땅굴, 2m x 2m)을 50m 길이로 3개(↘→) 만들었음.

3-3) 돈암, 성북, 혜화초교 및 창경궁으로 뻗은 지선

4호선 - 돈암·성북·혜화초교, 창경궁

땅굴반응 포착한 지점의 탐사일 및 GPS 좌표

돈암초등학교(2010.2.8.) (37° 42' 46.60", 126° 58' 23.80")

성북초등학교(2010.1.29.) (37° 35' --.--", 126° 59' --.--")

혜화초등학교(2010.2.8.) (37° 35' 32.90", 126° 59' --.--")

짚풀생활사박물관(2012.10.12.) (37° 35' 05.27", 127° 00' 00.82")

위의 모든 탐사지점에서는 운동장의 교단을 측량 기점으로 했으며, 교단 아래에 다목적 공간(↘, 2m x 2m)을 50m 길이로 3개 만들었음.

4-4) 청와대, 청운초교, 덕성여고로 뻗은 지선

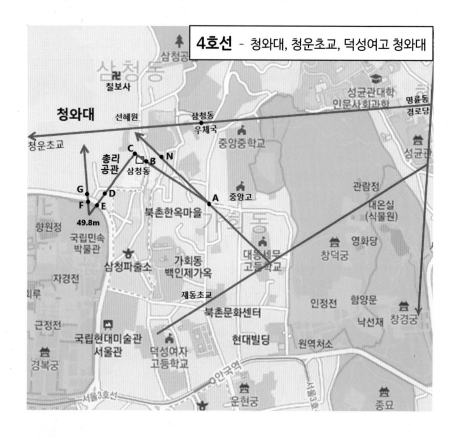

땅굴반응 포착한 지점의 탐사일 및 GPS 좌표

명륜3가 경로당

삼청동우체국 삼거리(2010.6.24)   (37° 35' 16.00", 126° 59' 12.70")

청운초등학교(2013.3.26)   (37° 35' 11.15", 126° 58' 15.33")

성균관 정문 소공원

재동초등학교(2010.2.8)   (37° 34' --.--", 126° 52' 13.50")

덕성여고(2010.2.8)   (37° 35' 32.90", 126° 59' --.--")

대동세무고교(2010.6.24)

N(삼청동 주민센터 동북쪽) (2010.6.4)   (37° 35’ 07.28”, 126° 58’ 58.29”)

　　　　* 2017.3.7 공기반응 없어졌음, 즉 땅굴 내 사람 없음

A(삼청동 주민센터 방향 분기점) (2010.6.24.)　(37° 33’ 00.50”, 126° 59’ 12.70”)

B(삼청동 주민센터 동남쪽) (2017.8.29)   (37° 35’ 00.57”, 126° 58’ 51.17”)

　　　　*공기반응 #8, 즉 땅굴 내 사람 있음

C(　〃　주민센터 서북쪽) (2017.8.29)   (37° 35’ 20.19”, 126° 58’ 49.08”)

D(W레스토랑 앞) (2017.8.29)   (37° 34’ 59.28”, 126° 58’ 52.52”)

E(경복궁 벽 외부) (2017.12.5)   (37° 34’ 56.55”, 126° 58’ 58.51”)

경복궁 내 고도 49.8m 지점(5천분지1 지도)

F(경복궁 북측 담장 밖) (2017.12.5)   (37° 34’ 58.90”, 126° 58’ 47.30”)

G(춘추관 입구) (2017.12.5)

*모든 지선의 예상출구 분기점 전에는 다목적 공간(↘)을 50m 길이로 만들었음.

4-5) 창경궁에서 비원으로 뻗은 지선의 예상출구

땅굴반응 포착한 지점의 탐사일 및 GPS 좌표

경학어린이공원(2011.5.31)   (37° 35' 09.60", 126° 59' --.--")

WC(공용화장실, 2011.5.31)   (37° 34' 04.90", 126° 59' --.--")

회나무(2011.5.31 11:23)   (37° 34' --.--", 126° 59' --.--") 공기반응#9

창경궁 진입선 분기점(2012.11.21) (37° 34' 45.40", 126° 59' 45.42")

분기 후 좌 (37° 34' 44.96", 126° 59' 75.03")
　　　　　우 (37° 34' 44.88", 126° 59' 45.06")

A(2013.11.13)　　　　　　(37° 34' 45.25", 126° 59' 43.63")
B(2014.4.23)　　　　　　　(37° 34' 45.29", 126° 59' 43.59")
C(2016.10.13)　　　　　　(37° 34' 45.25", 126° 59' 43.63")
D(2017.2.11)　　　　　　　(37° 34' --.--", 126° 59' --.--")
E(2017.3.7)　　　　　　　　(37° 34' 45.67", 126° 59' 44.01")
F(2017.8.29/2018.5.9)　　(37° 34' 46.51", 126° 59' --.--")
G(2018.5.7/10.16)　　　　(37° 34' 48.62", 126° 59' 41.58") 고도 39m
H(2019.6.21)　　　　　　　(37° 34' 53.66", 126° 59' 36.05") 고도 51m

가(옥천교, 2013.11.13) (37° 34' 44.82", 126° 59' 45.60")
나(2016.10.13)
다(2017.2.11)　　　　　　　(37° 34' 13.31", 126° 59' 06.24")
라(2017.3.7)　　　　　　　　(37° 34' 46.25", 126° 59' 46.87") 공기반응#8
마(2017.8.29)　　　　　　　(37° 34' 49.73", 126° 59' 45.47")
바(2017.12.5)　　　　　　　(37° 34' 48.28", 126° 59' 44.32")
사(2018.5.9 10:00)　　　　(37° 34' 49.93", 126° 59' 46.24") 고도 40m
　　#성종태실비 前左 공기 반응(우측에서 시계방향): #7 #8 #9 #10 #12
아(2019.6.21)　　　　　　　(37° 34' 59.34", 126° 59' 34.64")

창경궁 내 성종 태실비(2019.6.4)

창덕궁 내 부용지(2019.6.21)

★창경궁 및 창덕궁 내 남침땅굴 탐사 일지

− 땅굴 굴착의 진척도 및 땅굴 내부 사람의 有無

2011.05.27. 공용 화장실 (37° 34' --.--", 126° 59' --.--")
회나무 앞 (37° 34' --.--", 126° 59' --.--")

2012.11.22. 외궁의 정문 좌(37° 34' 44.96", 126° 59' 45.03")
우(37° 34' 45.40", 126° 59' 45.42")

2013.11.13. 좌(내궁 밖 잔디밭) (37° 34' 46.25", 126° 59' 43.63") 고도 29m
우(하천 앞) (37° 34' 44.82", 126° 59' 45.60")

2014.04.23. 좌 (37° 34' 45.29")
우(하천 앞) 변화 없음

2016.10.13. 좌(37° 34' 45.25", 126° 59' 43.63")
우(외궁 우측 궁궐 담장 귀퉁이)

2017.02.11. 좌 (37° 34' 13.32", 126° 59' --.--")
우 (37° 34' 13.31", 126° 59' 06.24")

03.07. 좌 (37° 34' 45.67", 126° 59' 45.01")
우 (37° 34' 46.25", 126° 59' 46.87")
공기반응#8(땅굴 내 작업 중을 의미)

08.29. 좌 (37° 34' 41.51", 126° 59' 05.65")
우(하천 앞) (37° 34' 49.78", 126° 59' 45.47")

2018.05.09. 좌 (37° 34' 48.62", 126° 59' 41.58")

우 (성종 태실 앞) (37° 34' 49.93", 126° 59' 41.24") 고도 40m

공기반응 #7 #8 #9 (땅굴 내 작업 중을 의미)

10.16. 좌 - 땅굴 지선은 미 탐지

우(성종 태실 앞 산 위 작은 길) (37° 34' 58.46", 126° 59' 39.70")

고도 53m

공기반응 #7 #8 #9 (땅굴 내 작업 중을 의미)

2019.06.04. 좌(창덕궁 방향 미탐지)

우(창덕궁 문 미 개방으로 탐지 불가)

06.21. 비원 부용지 앞 좌 땅굴은 약 130° 방향

(5천분지1 지도에서 271 지점)으로 뻗음, 고도 51m

비원 연경당 앞 우 땅굴은 약 140° 방향

(5천분지1 지도에서 288 지점)으로 뻗음. 고도 60m

남침땅굴 6호선

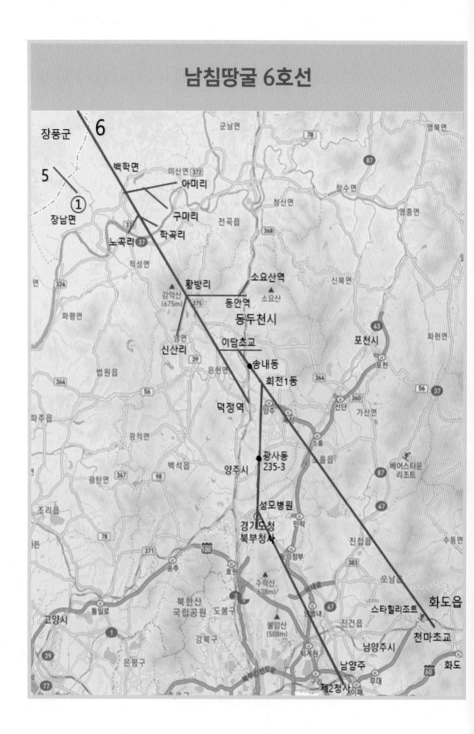

★필자가 남침땅굴 6호선을 탐사하게 된 계기

첫   째 - 동두천시 동안역과 미군부대 앞에 파출소가 있는데, 지하에서 폭파음이 난다고 해서, 1996.11.25 탐사한 결과 동서로 땅굴반응이 나옴. 땅굴이 파출소 쪽으로 역 마당을 돌아서 화물하치장에서 예상출구를 낼 것으로 보였음.

둘   째 - 연천군 백학면 구미리 일대에서 지하 폭파음의 신고로 탐사하게 되었음.

셋   째 - 남양주시 하도읍 어느 주택단지에 지하 폭파음의 신고로 탐사하게 되었음.

넷   째 - 양주시 광사동 235-3번지 지하 폭파음의 신고로 탐사하게 되었음.

다섯째 - 남양주시 제2청사 옆 국제교회의 지하에서 폭파음이 난다고 해서 탐사하게 되었음.

저자가 아직 탐사하지 못한 남침땅굴과 예상출구가 얼마든지 있을 수 있음.

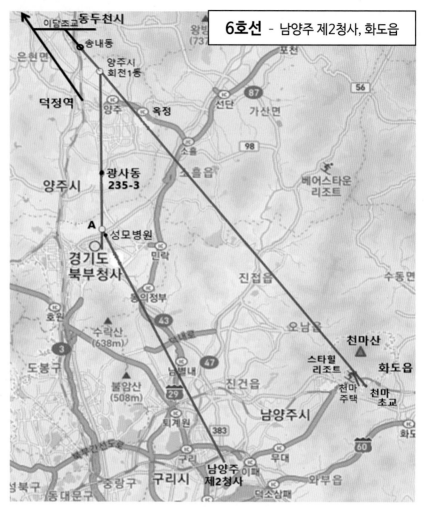

6호선 - 남양주 제2청사, 화도읍

*검은 선은 저자가 2008.5전에 탐사한 남침땅굴이고, 붉은 선은 그 후 탐지한 것.

땅굴반응 포착한 지점의 탐사일 및 GPS 좌표

(1) 송내동에서 화도읍으로 뻗은 땅굴

이담초등학교(동두천시 지행동 917)

송내동 (동두천시, 2006. 4. 27)　(37° 53' 28.40", 126° 53' 32.50")

양주시 회천1동 답18-8 (2010.1.29)

천마주택 (2011.2.13)　　　　　(37° 34' 42.80", 127° 16' 12.30")

천마초등학교 (2011.2.13)　　　(37° 34' 24.60", 127° 16' 36.80")

★남양주시 화도읍 천마주택 지하의 폭파음

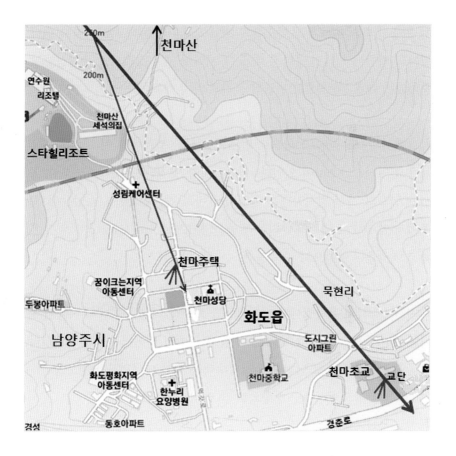

　2011년 2월 초부터 화도읍 묵현리 천마주택 지하에서 폭음이 나기 시작
해서 민심이 흉흉했으나, 관계 당국은 "천마산 얼음 깨지는 소리"라는 등,

터무니없는 궤변으로 남침땅굴의 굴착을 부인하는 것이 언론에 보도되어 국민들의 빈축을 사기도 했다.

이때 동두천 영북면 운천리에 주둔하는 기갑부대의 정보참모가 부대장의 허락을 얻어 저자에게 탐사를 요청했다. 2011.2.13 우리는 서울역에서 만나 인터넷 신문 뉴데일리 기자와 함께 현장으로 갔다. 천마주택을 모르는 초행길의 저자는 우선 화도읍의 제일 오래된 초등학교로 가자고 했다. 필자의 경험에 의하면 북한은 대개 그 지역의 제일 오래되고 중심적인 초등학교를 측량기준점으로 땅굴을 굴착해 왔기 때문이다.

그래서 먼저 천마초등학교로 안내되었는데, 북쪽에는 이 지역의 제일 높은 천마산(810.2m)이 있었다. 일요일이라 텅 빈 운동장에 도착하여 우선 교단으로 가서 탐사막대를 들었더니 바로 땅굴반응이 나타났는데, 북쪽에서 약 140°로 내려와서 다목적 공간(창고땅굴, 2m x 2m)을 3개(↘↙) 내고 예상출구 방향으로 간 것을 알 수 있었다.

천마초등학교 운동장에서 남침땅굴을 확인한 다음 지하에서 폭음이 난다는 천마주택으로 갔다. 천마주택 앞 도로에서 땅굴반응을 탐사했더니, 땅굴이 160° 방향으로 남하해서 천마주택을 지나 다목적공간(창고땅굴) 3개(↘↙)를 내고 예상출구 방향으로 간 것을 알 수 있었다.

그때 성당을 다녀 오는 연세가 지긋한 천주교 교우를 만났다. 마침 천마주택 2층에 사는 그녀는 아침 저녁으로 지하에서 나는 폭파음을 확실히 들었다고 증언했다.

그러나 어떤 박사는 이 폭음은 천마산 골짜기에서 얼음 깨지는 소리라고 해서 언론에 소개되기도 했다. 학자로서 양심의 가책도 없이 국가안위의 일에 경거망동해서 자신의 인격과 이름을 더럽히는 일은 더 이상 없어야 한다.

천마초등학교와 천마주택의 지하에 이미 다목적 공간을 냈으므로 가까운 지점에 예상출구용 분기점(─◁)을 낼 것이고 멀지 않은 곳에 예상출구도 낼 수 있을 것이다. 그러나 2011년 2월 당시에는 지하 폭파음을 내면서 남침땅굴을 굴착하고 있는 중이었으므로 예상출구용 분기점까지는 탐사하지 못했는데, 현재까지도 그것을 탐지하지 못한 것이 매우 아쉽다.

이제까지 거의 45년 동안의 굴착으로, 휴전선에서 수십 km나 남하한 남침땅굴이 존재하는데도 이를 무조건 부인하거나 은폐하는 것은 이해할 수 없다. 특히 국방대학을 졸업하고 국가로부터 평생 연금이라는 보상을 받는 지성을 겸비한 고급 장교가 유독 남침땅굴의 발견에 대해서는 반국가적인 것으로 의심되는 시각을 가지고 경솔하게 부인하거나, 심지어는 책을 출간하여 이를 호도하거나 합리화시키려는 행위에 개탄을 금할 수 없다.

뿐만 아니라, 자신의 미숙한 선입견으로 이제까지 동서양에서 수백 년 동안 활용해 온 다우징(심령탐사)의 결과를 미신으로 매도하는가 하면서, 토론을 요청해 보지도 않고 저자를 점쟁이로 취급하며 악평하는 것은 과학의 탈을 쓴 비합리적인 행위로 용서할 수 없는 일이다.

(2) 양주 회천1동에서 남양주 제2청사로 뻗은 땅굴

양주시 회천1동 답18-8(2010.1.29.)

　　광사동 235-3(2014.6.11/7.17) ♣기자회견(2014.10.30 13:00)

남양주시 제2청사 동측 옛 국제교회(2016.4.19.)

　　　　　　(37° 36' 52.59", 127° 10' 12.70") 고도 45m

★양주시 광사동 235-3번지 탐사 경위 및 결과

　지하 폭파음이 계속 난다는 신고에 따라 남굴사 대표 김진철 목사와 남침땅굴민간대책위원회 이창근 단장이 현장에서 확인 후 시추기로 천공하기 시작했다. 저자도 2014.6.11과 7.17 두 번 방문해서 탐사한 결과, 양주시 회천1동(답18-8번지)에서 정남쪽으로 내려 온 남침땅굴이 있었다.

　콘크리트 흄관을 박아가면서 굴착했더니, 10m에서 암반에 닿고 22m까지 굴착했더니, 북한이 이미 알고 역대책으로 (우회땅굴을 내면서) 되메운 것을 확인할 수 있었다. 그러나 국방부 당국자는 이를 부인하기에 급급했다.

양주시 광사동 235-3에서 필자(2014.7.17)

남굴사가 굴착한 땅굴을 확인하는 현장(2014.7.17)

★남양주시 지금동 국제교회 지하 소음

　남양주시 제2청사 옆 국제교회 지하에서 소음이 나서, 2014.11.7 이 교회 장로가 밤에 녹음했다. 2014.11.11 시추공 2개를 뚫어 작업을 계속한 결과 지하 8~10m에 땅굴이 존재한다는 결론을 내리고, 11월 14일 남굴사, 남침땅굴 민간대책위, 땅굴안보국민연합 등은 자신들이 땅굴을 발견했다는 지금동의 국제교회 앞에서 기자회견을 가진 바 있다. 〈뉴데일리 기사에서 발췌〉

　저자도 뒤늦게 2016.4.19 현장을 방문하여 다우징으로 탐사했더니 땅굴 반응이 나왔다. 이 땅굴은 광사동(235-3번지)을 지나 의정부시 소재 경기도 북부청사로 뻗은 것으로, A(의정부시 금오동 산 23-1번지)에서 분기해서 동남쪽(약 150° 방향)으로 분기하여 성모병원을 지나 남양주시 지금동 소재 제2청사 옆의 옛 국제교회 부지를 지나고 있었다. 따라서, 당시 국제교회 지하의 소음 역시 땅굴에서 발생한 소음이었다고 추측할 수 있었다.

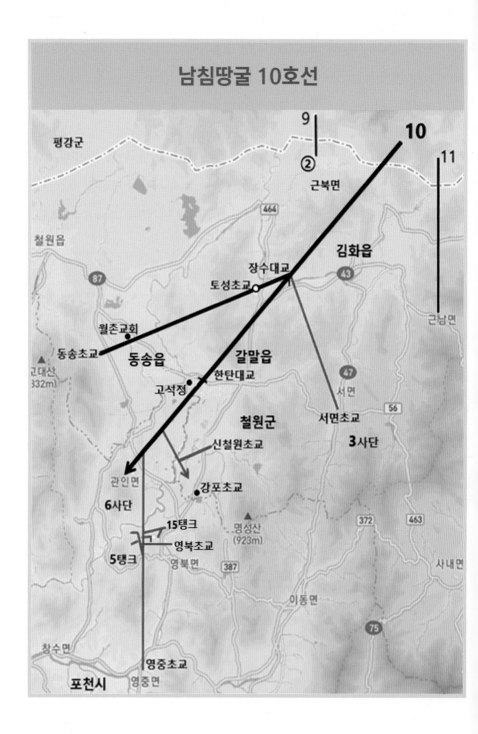

남침땅굴 10호선

평강군

9

②

10

11

근북면

철원읍

464

김화읍

장수대교

43

토성초교

근남면

월촌교회

동송초교

갈말읍

동송읍

한탄대교

47

고석정

서면

56

철원군

서면초교

신철원초교

3사단

관인면

강포초교

6사단

명성산
(923m)

372

463

15탱크

사내면

영북초교

5탱크

영북면

387

이동면

75

창수면

영중초교

포천시

영중면

75

땅굴반응 포착한 지점의 탐사일 및 GPS 좌표

(1) 장수대교에서 서면초교로 뻗은 땅굴

서면초등학교(2011.2.18) (38° 20' 21.90", 127° 27' --.--")

(2) 강포초교 방향 지선에서 분기해 신철원초교로 뻗은 땅굴

신철원초등학교(2011.2.18) 운동장 교단 (38° 08' --.--", 127° 18' 29.90")

대덕산 좌측 3사단 22연대 上 (38° 11' --.--", 127° 21' --.--")

下 (38° 11' 45.90", 127° 21' --.--")

기갑여단에서 주 여단장, 정보참모와 저자(2011.2.17)

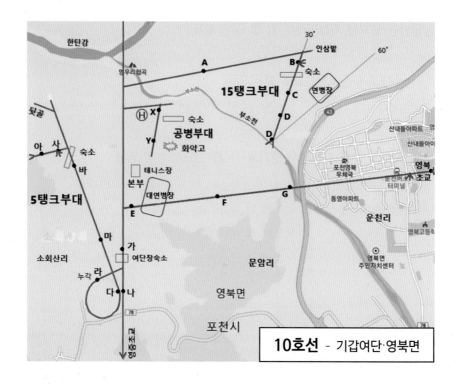

10호선 - 기갑여단·영북면

땅굴반응 포착한 지점의 탐사일 및 GPS 좌표

(3) 15탱크부대로 뻗은 땅굴

A(2011.4.7) (38° 05' --.--", 127° 15' --.--")

인삼밭(2011.4.7) (38° 05' --.--", 127° 15' --.--")

B(다목적 공간) (38° 05' --.--", 127° 15' --.--")

C(시추, 2011.8.25) (38° 05' 39.08", 127° 15' 47.75")

시추 중 유압 고장

D(시추, 2011.8.25) (38° 05' 37.95", 127° 15' 41.75")

11~13m 공기반응, 14.5m까지 천공, 2 × 2m 땅굴

E(시추, 2011.8.25) (38° 05' 37.06", 127° 15' 40.84")

11~13m 공기반응, 14.5m까지 천공, 2 × 2m 땅굴

(4) 여단본부와 5탱크부대로 뻗은 땅굴

가(여단장숙소, 2011.8.17)	(38° 05' 26.13", 127° 15' 00.30")
나(2011.8.4)	(38° 05' 39.00", 127° 15' 00.--")
다(2011.8.17)	(38° 05' 23.19", 127° 14' 59.84")
라(누각, 2011.8.17)	(38° 05' 38.54", 127° 14' 50.96")
마(여단장 숙소 후원, 2011.8.4)	(38° 05' 25.21", 127° 14' 59.70"),
바(부대 숙소, 2011.8.4)	(38° 05' 38.64", 127° 14' 56.13")
사(시추, 2011.8.18)	(38° 05' 38.35", 127° 14' 53.13")
아(시추, 2011.8.25)	(38° 05' 38.35", 127° 14' 53.13")
•	*영중초교(2011.5.27) 군사분계선에서 46km

(5) 공병부대로 뻗은 땅굴(2011.3.5)

X(헬기장 동편)

Y(2011.3.5)

(6) 포천시 영북면 영북초등학교로 뻗은 땅굴(2011.3.22)

E	(38° 05' 4-.--", 127° 15' 40.40")
F	(38° 05' 4-.--", 127° 15' 47.40")
G	(38° 05' 4-.--", 127° 15' --.--")
영북초등학교	(38° 05' 4-.--", 127° 16' 57.30")

영북초등학교에서 심령탐사
중에 촬영(2011.3.22)

♣ 포천시 영북면 기갑여단 주둔지 땅굴탐사 계기

남양주시 화도읍 천마주택 지하에서 폭파음이 난다는 신고로 메스컴에 알려져, 3739기갑여단 정보참모의 요청으로 2011.2.13 함께 현장에 가서 저자가 탐사해서 남침땅굴임을 밝혀내는 것을 본 정보참모가 저자에게 바로 기갑여단 주둔지로 가서 남침땅굴을 탐사해 달라고 요청했다. 그러나 오랜 지병(당뇨병)으로 우선 마산에 돌아가서 약품 등을 준비해서 며칠 후 서울역에서 다시 만나 포천시 영북면으로 갔다.

일찍이 저자는 1975년 4월 25일 6사단 연병장에서 제2땅굴을 찾는데 동참한 것이 계기가 되어 철원지역을 탐사한 바 있는데, 이것은 2008년 5월에 출간된 『땅굴탐사 35년 총정리』에 수록되어 있다.

포천시 영북면은 기갑여단 주둔지로 한탄강 건너 서북방에 6사단이, 동북방(김화읍 및 서면)에 3사단이 주둔하고 있었다. 기갑여단은 동쪽에 높이 솟은 은장산 발치 약 100만 평에 자리잡고 있었다. 이곳은 군사요충지로서 원래 미군이 주둔했던 38선 이북지역으로서, 6.25전쟁 때 북한의 탱크부대가 철원평야를 거쳐 내려온 길목이다.

저자는 이곳의 땅굴징후에 대한 하등의 정보도 없이 탐사를 시작했다. 이때는 북한의 남침땅굴이 널리 알려진 때로서, 남침땅굴이 대개 초등학교 운동장의 교단을 측량기점으로 한다는 것을 이미 알고 있는 우리는 먼저 이 지역의 초등학교인 청양초등학교, 토성초등학교, 신철원초등학교, 서면초등학교로 갔으며, 그 후 포천시 영북면 운천리 소재 영북초등학교에도 가서 예상출구용 분기점이 있는 것을 탐지했다.

　저자는 2011.2.17~8.25 기간에 11차례 포천시 영북면을 방문하여 기갑여단 주둔지를 세밀히 탐사하고 일부 지점의 천공까지 참관했다. 그 결과 저자는 5탱크부대와 15탱크부대 지역의 예상출구 지점에 천공하는 과정에서 파쇄되어 나오는 암석의 색과 공기반응으로 4개 지점에서 다같이 지하 11~13m에 2m × 2m의 땅굴이 있는 것을 확인할 수 있었다. 그러나, 군당국은 끝내 인정하려 하지 않았다.

★기갑여단 주둔지 땅굴탐사 일지

2011.02.17(목)　청양초등학교(장수대교 남단 소재) 및
　　　　　　　　3사단 22연대본부(철원군, 장수대교 서쪽)

2011.02.18(금)　기갑여단 공병부대 탄약고(38° 05' --.--", 127° 15' 33.40")
　　　　　　　　여단본부 테니스장(38° 05' 47.90", 127° 15' 27.40")
　　　　　　　　공병부대 숙소 서쪽 구 미군 헬기장
　　　　　　　　　(38° 08' 53.20", 127° 15' 24.70")
　　　　　　　　서면초등학교(3사단본부 앞) 및 신철원초등학교

2011.02.19(토)　여단본부 대연병장 (38° 08' 53.20", 127° 15' 24.70")

2011.02.19(토)　공병부대 숙소 (38° 08' 53.20", 127° 15' 24.70")

2011.02.28(월)　천공 준비가 되었다는 연락이 와서, 저자와 동생(이종득)
　　　　　　　　이 서울역에서 만나 군용차로 영북면 기갑여단에 도착해

보니, 부적합한 2인치 시추기였기 때문에 저녁열차로 부산과 울산으로 돌아옴.

2011.03.01(화) 군 당국이 테니스장 옆에서 2개 지점을 천공했는데 지하 5m에서 암반이 나오고 18m에서 2개 땅굴 징후가 있었다는 보고를 마산에서 받음

2011.03.02(수) 11:00부터 5인치 민간기계 2대로 공병숙소 서편 X 및 Y 지점에 50m까지 천공.
X 지점에서 서편으로 돌린 우회땅굴을 탐지.
46m에서 110° 방향 수맥 걸려 지하수 150톤 나옴.

2011.03.05(토) 공병부대 숙소 서편 2개 지점 천공
X 지점(38° 05' --.--", 127° 15' 33.30") 천공 후 서징
    (압축공기로 암석가루 불어냄) 안 됨
Y 지점(38° 05' --.--", 127° 18' 29.90") 서징 후 사진 찍음

2011.3.말~5.27 민간인의 기갑여단 출입에 대한 금족령이 내려졌음.

2011.03.07(월) 육군본부 탐사반이 기갑여단을 다녀갔다는 보고를 마산에서 받음

2011.03.09/10 Y 지점의 수위水位가 31m에 있다는 보고를 마산에서 받음

2011.03.22(화) 영북초등학교로 뻗은 땅굴 탐사

2011.05.27(금) 영중면 영중초교
(180° 로 남하, 38° 00' --.--", 127° 14' --.--") 46km 지점

2011.07.20 합참의 요청으로 저자와 모 민간인이 의정부 지역과

관악산 안국사 부근에서 땅굴탐사 능력 테스트를 받음. 이때 합참의 정보운영처장 서용석 준장이 주관하고, 이춘식 예비역 준장 등이 입회함.

2011.08.01(월) 16:00 기갑여단에서 합참이 주관한 회의에서 시추할 지점을 다시 정해서 천공키로 함.

2011.08.04(목) 12:00 기갑여단에 도착하여 5탱크부대 주둔지에서 땅굴을 탐사함

2011.08.16(화) 마산에서 영북면 운천리 도착. 윤여길 박사팀 참관 하에 합참이 TW 3대로 15탱크부대 연병장(60° 방향) 시추.
*윤박사는 다우징 능력이 없어 최민용(김천 사는 개신교 집사) 등을 대동하나 윤박사는 이번 탐사에는 참여하지 않음.

2011.08.17(수) 우천

2011.08.18(목) 저자가 지정한 5탱크부대 내 2개 지점 시추한 결과 11m 깊이에서 땅굴 확인

2011.08.22(월) 15탱크부대 연병장(60° 방향)에서 장비 3대로 시추하여 지하 40m에서 폭파시켰다. 그런데 참관한 윤박사팀의 최민용 집사가 이 폭파로 사망한 시신을 북한병사들이 북쪽으로 끌고 가고 있다는 등 황당한 말을 했다는 사실을 당시 참관이 금지된 저자가 뒤늦게 들었음.

2011.08.23(화) 우천

2011.08.24(수) 15탱크부대 연병장에서 윤박사팀의 참관 하에 진행되는 시추 현장에 저자의 접근이 금지됨.

2011.08.25(목) 저자가 지정한 15탱크부대 내의 지점을 시추한 결과 지하 11-13m에서 땅굴을 확인했음. 지하 8m에서 남북 방향의 수맥이 걸렸고, 18:00에 시추공 내를 촬영 후 회의하고 23:00 출발 KTX로 마산으로 돌아옴.

★기갑여단 주둔지에서 땅굴 천공 결과(저자가 지정한 지점)

1) 공병대 숙소 서쪽 X 지점 - 2011.3.2(수)

11:00   6인치 시추기로 천공 시작

12:00   공기반응 #3(폭 3m)

12:30   북한군이 역대책으로 시추공 앞 2m 되메우고,
         서쪽에 우회땅굴 굴착했는데 우회땅굴의 공기반응 #2 나옴.

*지하 46m에서 160° 방향으로 100톤 수맥 걸리고 50m에서
   천공을 종료.

2) 공병대 숙소 서쪽 Y 지점 - 2011.3.2(수)

11:00   6인치 시추기로 천공 시작
         30~32m 굴착 후 공기반응(#3→#12)으로 땅굴을 확인하고
         (수위 측정으로도 29.6m에서 2m × 2m 땅굴의 존재 확인하고)
         물을 주입해서 물이 북으로 흐르는 반응을 탐지해서 남침땅
         굴임을 확인하고 지하 50m에서 천공 종료

3) 5탱크부대 사 지점 - 2011.8.18(금)

11:00   6인치 시추기로 천공 시작해서 흙층에 5.5m 케이싱을 박음.

11:50   6.5m 천공

12:00   8.5m 천공 지하수 30톤 나옴
         9.5m에서 진황토 나옴, 10.5m에서 검은 현무암이 나옴,
         11.5m에서 진한 황토 나옴

12:25   12.5m에서 진황토색 지하수가 나와 계속 서징,
         즉 압축공기로 불어 냄.

12:35   13.5m 검은 현무암과 황토색 토사가 나오고, 13.9m에서
         지하수 색갈이 바뀜

12:45   15m에서 천공을 끝내고 촬영했으나, 지하에 뻥 뚫린 공간이
         나오지 않음.

*지하 11.05m 천공 때부터 시추기의 압축공기가 새나가는 공기반응 #5.6(폭 5.6m)을 탐지했으나, 13.05m 이하는 공기반응이 없었는데, 이것은 11~13m에 역대책으로 되메운 땅굴이 존재하는 이유이다. 이런 현상은 북한이 역대책으로 우회땅굴을 굴착하면서 나온 암석 부스러기와 그라우팅으로 (땅굴 내부에서) 급히 땅굴의 일부 구간을 되메우더라도, 원래의 암반과는 달리 땅굴의 천정 부분 등에 미세한 틈새가 있을 수밖에 없기 때문이다.

4) 5탱크부대 아 지점 – 2011.8.25(목)

15:15   6인치 시추기로 천공 시작해서 흙층에 5.5m 케이싱 박음.

15:45   8m에서 지하수 90톤,

15:50   11.3m 천공

16:00   11.5m 황토색 지하수와 검은 현무암 토사가 나오고,

           공기반응 #16(폭 16m). 14.5m에서 천공을 끝냄

5) 15탱크부대 E 지점 – 2011.8.25(목)

11:00   6인치 시추기로 천공 시작해서 5.5m 케이싱 박음

11:50   6.5m 천공 → 7.5m부터 검은 현무암 나옴

12:00   8.5m에서 지하수 20톤 나옴, 10m에서 황토색 토사,

           10.5m에서 현무암 나오고, 11.5m에서 진한 검은색 현무암

           나오고, 15m까지 천공 끝냄

*12.5~13.25m 천공 중 공기반응 #30 탐지.

6) 15탱크부대 D 지점 – 2011.8.25(목)

15:35   6인치 시추기로 천공 시작해서 5.5m 케이싱 박음

17:00   9m 천공 중

17:10   12m 천공 중 공기반응 #5 나왔으나 뻥 뚫린 공간은 나타나지 않음.

*18:00부터 합참이 주관하는 회의가 열렸음.

★기갑여단 주둔지 땅굴탐사 및 천공 결과에 대한 회의

2011.08.25(목)   오후 15탱크부대 내의 D 및 E 지점을 직경 15cm 압축공기 타격식 시추기로 14.5m까지 천공해서 시추공 내의 사진을 촬영했으나 뻥 뚫린 공간이 나타나지 않았으므로, 탐사 결과에 대한 결론을 내기 위해 당일 오후 6시부터 관계자들의 회의가 열렸음.

    〈참가자〉   합동참모본부 정보운영처장   서용석 준장
                     합동참모본부 징후정보과장   정현진 대령
                     육군본부 탐사과장   윤석담 대령
                     3739기갑여단 여단장   주은식 준장
                     천공 책임 대대장 및 기갑여단의 각 지휘관 등 약 10명
                     박춘식 예비역 준장
                     저자(이종창 신부)

〈결론〉

합참 정보운영처장: 천공한 구멍에서 뻥 뚫린 공간이 촬영되지
않았으므로 이곳에 남침땅굴은 없다.

합참 징후정보과장: 물은 물이고 돌은 돌이지, 또 무슨 미련으로 지하
11~13m까지 절개를 하겠는가!

〈저자의 의견〉

-. 15탱크부대의 D 및 E 지점에서 천공하는 과정에서, 저자는 2m × 2m 땅
굴이 지나는 지하 11~13m에서 나오는 파쇄된 암석의 색갈이 황토색과
검은 현무암이 뒤섞여 나오는 현상과, 땅굴이 지나가는 방향의 지표에
천공기계의 압축공기가 새나가는 공기반응을 탐지했는데, 이 현상은
2011.8.18 천공한 5탱크부대의 사 및 아 지점에서도 동일한 깊이에서
탐지되었다.

-. 이 현상은 북한이 이미 역대책으로 되메우기-그라우팅을 했기 때문에
11~13m 깊이에서 나오는 파쇄된 암석의 색갈이 뒤섞여 나오며, 뿐만
아니라 되메우기-그라우팅은 원래의 지하 암반과 달리 미세한 틈새가
윗부분에 존재하기 때문에 땅굴이 지나는 지표에서 특이한 공기반응이
탐지되는 것이다.

-. 2011.3.5~5.27 민간인의 부대출입 금족령이 내려졌는데, 이 기간에 북
한이 역대책으로 천공이 예정된 지점 앞 뒤의 땅굴을, 땅굴 굴착 때
나오는 암석을 섞은 그라우팅으로 되메우고 우회땅굴을 돌려 놓은 것
이다.

-. 따라서 2011.8.25 합참이 천공기 2대로 저자가 지정한 2개 지점(D 및 E, 30° 방향에 존재)을 천공했으나, 지하 11~13m에서 뻥 뚫린 공간이 나타날 수 없었던 것이다.

♣ 해명되어야 할 의문

2011.08.22. 저자의 참관을 금지하고 윤박사팀의 최민용(김천 사는 개신교 집사)가 참관하는 상황에서, 천공기 3대로 육본 탐사과(?)가 지정한 3개 지점(60° 방향인 15탱크부대 연병장)을 40m까지 천공한 후 대량의 폭약으로 폭파했는데, 땅굴이 없었다면 왜 폭파했는가?

♣ 후일담

이 기간에 저자는 "군단장이 부하 장성에게 땅굴을 찾아서 인정받고 진급한 부대장은 아무도 없었으니 자네도 참고하라"고 충고했다는 얘기를 모 부대장에게서 들은 바 있다.

이런 국방부의 분위기에서 전방부대의 지휘관이 애국적인 책임감과 진급 사이에서 괴로워하다가 대개 '땅굴 찾는 노력'을 중단한다는 것을 뒤늦게 알게 된 저자는, '주마등 같은 38년간의 애국 애족을 위한 노력이 한갓 헛된 희생에 불과'한 것이 아닌가 심히 허탈했다. 그러나 천주교 사제의 양심은 어쩔 수 없어 그 후 오늘날까지 여전히 아픈 몸에 의지해 어두운 눈으로도 남침땅굴을 탐사해 오고 있다.

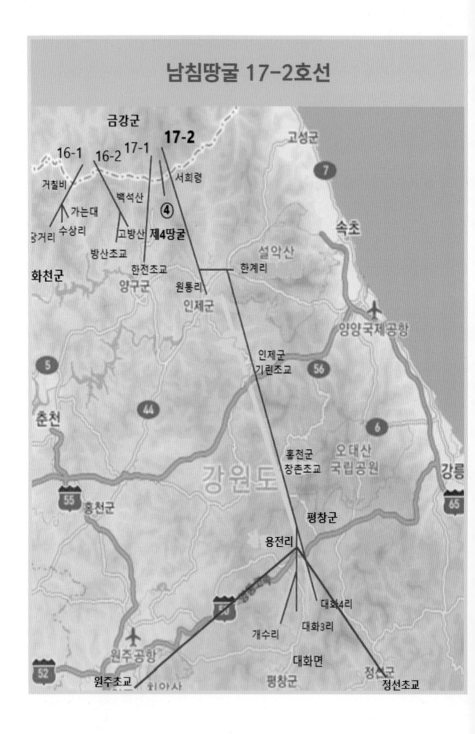

남침땅굴 17-2호선

금강군

16-1 16-2 17-1 **17-2**

고성군

거칠비

⑦

서희령

가는대

백석산

④

강거리 수상리

고방산 제4땅굴

속초

방산초교

설악산

화천군

한전초교

한계리

양구군

원통리

인제군

양양국제공항

⑤

인제군
기린조교

⑤⑥

춘천

④④

⑥

오대산
국립공원

강원도

홍천군
창촌초교

강릉

⑤⑤

홍천군

평창군

⑥⑤

용전리

대화4리

개수리 대화3리

원주공항

대화면

정선군

⑤②

원주초교 치악사

평창군

정선초교

땅굴반응 포착한 지점의 탐사일 및 GPS 좌표

(1) 원통리에서 한계리로 뻗은 땅굴(2015.1.15)

A: 천주교글라렛선교수도회 환경자원센터

B (38° 08' 27.15", 127° 15' 19.13") 고도 260.8m

C (38° 08' 25.17", 126° 15' 17.55")

(2) 한계리에서 평창군 대화4리로 뻗은 땅굴(2015.1.15)

기린초등학교 (인제군 기린면) 고도 289.9m

창촌초등학교 운두분교 (홍천군 내면) 고도 585.8m

인제군 북면 한계리 한계교차로에서 (2015.1.15)

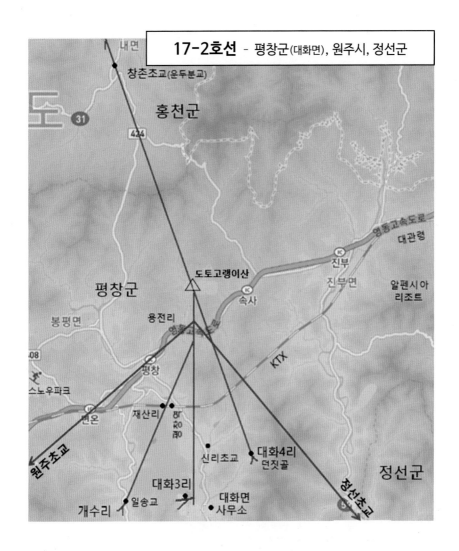

땅굴반응 포착한 지점의 탐사일 및 GPS 좌표

(1) 대화4리로 뻗은 땅굴(2015.1.5 및 2018.5.9)

군사분계선에서 95km, 고도 508m

던짓골 도로 위 분기점 (37° 31' 24.02", 128° 28' 52.21")

분기 후 좌측 (37° 31' 21.79", 128° 28' 49.91")

우측 (37° 31' 26.39", 128° 28' 53.15")

평창군 대화면 대화4리 던짓골
끝자락으로 뻗은 땅굴 첫
탐사(2015.1.15)

(2) 대화면 개수리로 뻗은 땅굴(2018.5.9)

용평면 재산리 (37° 33' 51.98", 128° 25' 49.40")

대화면 개수리 일송교 고도 440m

분기 후 좌측 (37° 30' 15.39", 128° 23' 24.22")

우측 (37° 30' 15.79", 128° 23' 25.37")

평창군 대화면 개수리 일송교
지나서 저자와 이용수씨
(2018.5.9)

(3) 대화3리로 뻗은 땅굴 (2014.12.26, 2015.1.5, 2015.1.15., 2018.5.9)

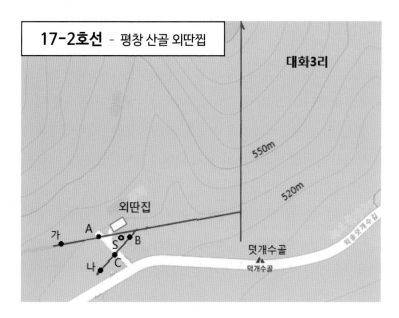

S: (2015.1.5 17:00 지하음 청취, 37° 30' 23.90", 128° 26' 32.41")

A: (2014.12.29 37° 30' 24.16", 128° 16' 31.80") 고도 530m

B: (2014.12.29 37° 30' 24.18", 128° 26' 32.96")

C: (2014.12.29 37° 30' 23.41", 128° 26' 32.41")

가: (2018.5.9   37° 30' 22.85", 128° 26' 30.59")

나: (2018.5.9   37° 30' 23.46", 128° 26' 30.96")

대화3리 덧개수골의 외딴집
(대화면 대화리 1129번지, 고도 530m)
- 2014.12.29

★평창 산골 외딴집(대화면 대화3리) 지하의 기계음

2014.12.7부터 매일 저녁 5시부터 아침까지 지하에서 기계 소리가 나서, 그 집 가정주부는 12월 9일 새벽 1시 반에 스마트폰으로 녹음해서 당국에 신고하여 세상에 알려졌다. 저자도 2014.12.29 현지에 가서 탐사를 했더니 땅굴이 그 집 앞을 지나고 있었다. 이듬해 2015.1.5에는 재차 방문해서 저녁 5시부터 6시 사이에 외딴집의 축대 밑(S)에서 별다른 장비 없이도 분명한 지하음을 청취할 수 있었다.

지하음은 가벼운 마찰음이 섞인 기계가 회전하는 소리 같았는데, 저자의 판단으로는 소형 TBM(땅굴 뚫는 기계)이 느리게 돌아가면서 여러 개의 컷터가 지하 암석을 조금씩 갈아내는 소리 같았는데, 이것은 관련 유튜브 동영상을 시청한 사람들의 일치된 견해이다. 그러면 군사분계선에서 약 95km 남방, 고도(해발) 530m의 강원도 평창군의 첩첩 산골에서 땅굴 뚫는 기계음을 청취하다니…

너무나 이상해서 그 후 2015.1.15에 인제군, 홍천군, 평창군을 방문해서 이 땅굴이 군사분계선(양구군 서희령)에서 남하하면서 인제군(원통리-한계리-기린초등학교) 및 홍천군(창촌초등학교 운두분교)를 경유해서 평창군 대화면 대화4리로 뻗은 남침땅굴에서 분기한 땅굴인 것을 탐지할 수 있었다.

한편, 남침땅굴의 탐사를 담당하는 육군본부 탐사과는 신고 후 두 달이나 뒤늦게 현지 조사를 나왔으나, 무슨 연유가 있었는지 그 며칠 전부터는 지하에서 어떤 소리도 나지 않았다. 그래서 그들은 땅굴은 없다면서 도리어 신고한 주민에게 "(당신들은) 땅굴에 세뇌가 되었다"라며 쓴소리를 하고 갔다. 이들은 땅굴을 찾는 자들인가 아니면 있는 땅굴을 덮으러 다니는 자들인가… 〈참깨방송 YouTube 참조〉

♣ 원주와 정선으로 뻗은 남침땅굴을 찾게 된 경위

2015.1.5 평창 용평면 용전리 용전침례교회 건너편에서 탐사했더니 남북으로 뻗어 대화3리로 간 땅굴의 가까운 좌우(東西)에 각 1개의 땅굴이 도로를 가로지르고 있으나, 일정에 쫓겨 이 2개의 땅굴을 탐사하지 못해 내내 마음에 걸렸다.

2019.12.13 밤 1시에 잠이 깨어, 원주초교와 정선초교는 그 지역에서 제일 오래된 학교이니까 혹시 2015.1.5 용전리에서 탐지한 2개의 땅굴이 원주초교와 정선초교로 뻗은 것은 아닐까 하는 생각에 지도 위에 직선을 그었다.

출판을 앞두고 이 2개의 땅굴을 확인하기 위해, 2020.5.12 교통이 비교적 나은 원주초등학교에 가서 탐사했더니 예상대로 땅굴이 230°방향으로 와서 학교를 지나 원주 시내로 뻗은 것을 확인했다.

그리고 정선초등학교로 뻗은 땅굴마저 확인하기 위해 오랜 당뇨병에 망가진 노구와 코로나-19에도 불구하고, 낮이 가장 긴 때인 6월 16일 마산을 떠나 KTX로 서울 경유 정오에 강릉역에 도착했다. 버스편이 드물고 탐사에 불편해서 택시로 가면서, 학교 좌측 산자락에서 땅굴반응을 탐지하고 학교 정문에 가서 탐사했더니 예상대로 140°방향으로 뻗어 있었다.

그러나 북한 내금강산에서 양구군 해안면을 지나 평창군 대화면까지 온 땅굴의 길이가 약 95km인데, 용평면 용전리에서 분기해서 정선초교까지는 약 125km이고, 원주초교까지는 약 135km이다 세계 역사에서 이렇게 멀리 뻗은 땅굴이 있었던가!!

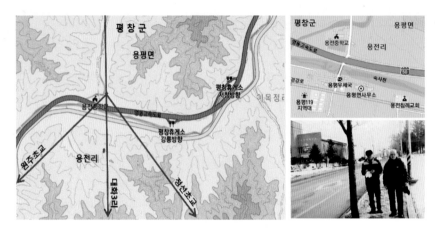

용전침례교회 건너편에서 동생(이종득)과 저자(2015.1.15)

(4) 평창군 용평면 용전리에서 원주로 뻗은 땅굴 (2020.5.12.)

원주초등학교 못 미친 지점(37° 20' 54.10", 127° 57' 34.52")및 교문을 지나 종합운동장 방향으로 간 것을 확인했으나, 어디까지 뻗어 있는지는 탐사하지 못했다.

(5) 평창군 용평면 용전리에서 정선으로 뻗은 땅굴 (2020.6.16)

용전침례교회 건너편(국도 경강로의 북편)에서 동남쪽으로 뻗은 땅굴이 정선초등학교를 약 140°방향으로 지나고 있는 것을 확인했다. 그러나, 이 남침땅굴이 어디까지 뻗었는지, 최종 목적지가 어딘지 군사 분야 비전문가인 저자로서는 아직 알지 못하고 있다.

오후 1시에 탐지한 저자 고유의 공기반응은 #4이므로 당시 이 땅굴 내에는 북한군(?)이 없는 것으로 보였다.

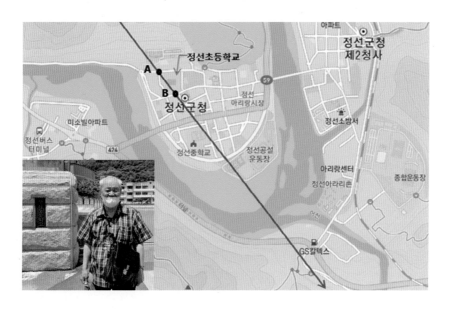

A: 정선초등학교 못 미친 지점(37° 22' 55.30", 128° 39' 32.65")
B: 정선초등학교 정문 교명 옆(37° 22' 50.40", 128° 39' 36.10")

제 4 부
『땅굴탐사 33년 총정리』 요약
| 1974.12.2 ~ 2008.1.29, 약 33년간 땅굴탐사 요약 |

가) 남침땅굴 1호선

나) 남침땅굴 2호선

다) 남침땅굴 4호선

라) 남침땅굴 6호선

마) 남침땅굴 7, 8호선

바) 남침땅굴 10호선

사) 남침땅굴 11호선

아) 남침땅굴 12호선

자) 남침땅굴 13, 14호선

차) 남침땅굴 15호선

카) 남침땅굴 16호선

타) 남침땅굴 17호선

가) 남침땅굴 1호선

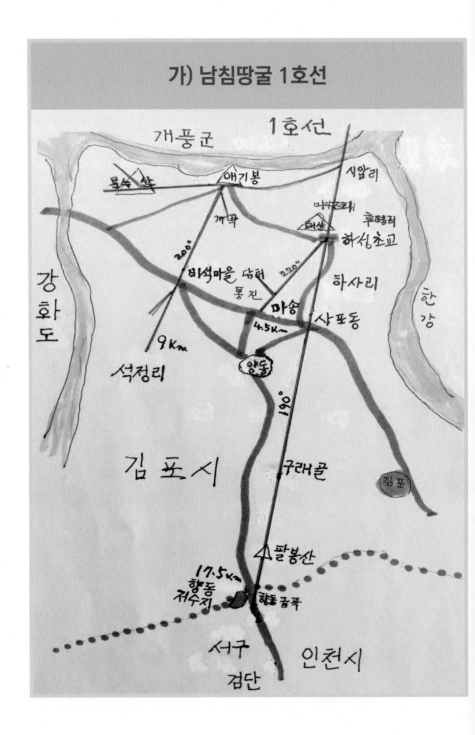

계속 감시한 곳(1984~2007)

담터마을

1984.10.25	탐사
1985.07.16	(다목적)공간 4개 냈음
1985.07.23	민간인 시추
1985.07.24	23m 천공시 공기 반응(10m)
	∴ 역대책 진행중, 약 30m 깊이
1985.07.25	철수함
1997.10.27	우측 공간만 60m 전진 공기반응(10m)
1999.09.04	공기반응(9m), 100m까지 전진
2007.10.04	변화 없음

마송

1984.10.24	탐사
1985.07.14	(다목적)공간 4개 냈음
1997.02.13	탐사
1997.10.27	좌측 공간만 40m 전진
1997.06.21	200m 전진
1997.09.04	끝 좌측으로 구부렸음
2000.03.08	탐사
2000.08.28	사람 안 들어옴
2000.11.03	사람 안 들어옴
2001.03.28	사람 안 들어옴
2002.07.23	사람 안 들어옴
2007.10.04	사람 안 들어옴

하사리 사포동 좌측 출구

1984.10.24	감나무 우측 것만 고사
1996.06.21	(다목적)공간 4개 각각 공기반응(11m)
1996.09.13	(다목적)공간 4개 확인
1997.06.27	공기반응(8.2m) ∴ 사람 작업중 사람
1997.07.06	사람 작업중
1997.07.26	사람 작업중
1997.09.09	100m 전진(4개 공간 중 좌측 공간만 전진)
1997.10.27	탐사
1998.01.15	155m 전진
1998.12.28	땅굴 위 배나무 고사
1998.07.07	공기반응(20m)
1998.12.28	끝을 구부려 놓았음
2000.03.04	공기반응(10m), 끝 지점도(10m)
2000.10.02	사람 안 들어옴

하사리 사포동 우측 출구

1984.10.24	사과나무 5 고사
1996.09.13	(다목적)공간 4개 확인
1997.06.27	공기반응(8.2m) ∴ 사람 들어와 작업중
1997.07.06	사람 작업중
1997.07.26	사람 작업중
1997.09.09	80m 전진(4개 공간 중 우측 공간만 전진)
1998.01.28	탐사
1998.06.15	120m 전진
1998.08.07	공기반응(11m)

1998.12.28	땅굴 위 배나무 고사
1999.06.21	100m 전진, 공기반응(15m)
1999.08.09	공기반응(9m), 며칠간 큰비, 땅굴 위 느티나무만 완전히 고사. (사포동 우측 밭, 1999.8.9 사진 참조)
2000.01.15	공기반응(14m)
2000.03.04	공기반응(12m)
2000.06.05	공기반응(12m)
2000.08.02	사람 안 들어옴
2001.02.08	사람 안 들어옴
2007.10.04	사람 안 들어옴

김포시 하성면 하사리 사포동(좌측 감나무, 우측 마른 감나무) / 1984.10.25

하성면 마조리 사과밭 연대장과 함께 탐사, 예상 출구(사과밭 창고) / 1984.10.25

1999.08.09

김포시 하성면 하사리 사포동 우측 출구, 8월 7~8일 큰 비로 이곳에 찬 물이, 땅굴 굴착 때 폭파로 금이 간 곳으로 새어 들어가서 싱싱하던 느티나무가 뿌리에 공기가 통해서 (8월 더위에) 뿌리가 물을 공급받지 못해서 땅굴 위의 구간만 잎이 갑자기 말랐음.

월곶면 갈산리 비석마을 방씨 모친 집, 1989~1990 방 밑에 폭파음 많이 났음 / 2002.7.22 탐사

월곶면 개곡리 미원동 묘지 앞 한승환씨 댁 예상 출구 탐사 / 2002.7.22

2007.10.04(목)　　김포 하사리 190°선에서 좌측으로 예상 출구를 이 백마관 모텔 밑으로 나가서 4개 공간을 내고, 좌측 공간이 200m 정도 논둑으로 나가서 우측으로 구부려 놓았음. 10여 미터를 지표로 파고 나오면 공격하는 날이 된다.

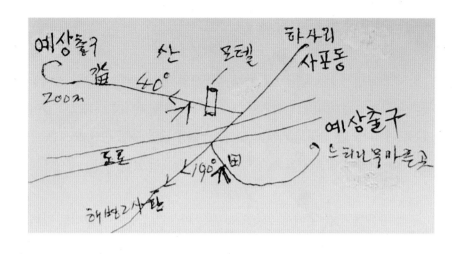

2007.11.14(수)   10:40 서울역에서 기차를 타고 경의선 문산역으로 가면
서 열차 위에서 탐지한 반응으로는 백마역, 일산역, 탄현
역에서 4개 (다목적)공간이 있는 반응이 나타나서 의심
이 갔다. 그래서 오늘 탐사에 나섰다. 모두 탐사하고 남
침땅굴 6호선의 덕정역과 소요산역과 남침땅굴 8호선인
전곡초등학교에 뻗어온 땅굴을 예측한 곳에서 모두 확인
했다. 이제 제1호선인 김포시 양곡 이후의 지역을 예상
출구까지 전부 확인해야 깨끗이 정리가 된다. 인천 시내
에 늦게 도착하여 쉬었다.

2007.11.15(목)   아침 일찍 나섰더니 매우 추운 날씨였다. 여비를 아끼려
고 인천 검단지구 금곡동으로 가는 버스를 찾을 수 없어
서 택시를 타고 양곡으로 갔다.

하느님이 인도하시는 탐사 길

지도를 보면서 355호 도로를 따라 양곡으로 갔다. 양촌 입구와 경계인 구래 입구까지는 이미 확인했으니 스무내미 고개를 지나서 우측으로 들어가는 길만 나오면 그리로 가자고 했다. 팔봉산 뒤인 듯한 좁은 도로를 따라가면서 탐사 막대를 쥐고 계속 탐사했으나 반응이 없었다.

구래 마을인 듯한 곳에서 우측으로 좁은 마을길이 있어서 그리로 갔더니 낚시터 간판이 보였다. 택시로 끝까지 갔을 때 땅굴 반응이 나타났다. 내려서 확인했더니 반응과 방향을 보니 틀림없는 남침땅굴이었다. 구래골 낚시터가 바로 그 지점이었다.

구래골 양어장 우측을 지나는 땅굴이 팔봉산 해병2사단으로 뻗음 / 2007.11.15 탐사

다음은 해병2사단 뒤의 향동이라는 곳을 지도를 따라 찾아갔다. 사단 입구 좌측으로 들어가자 했더니 보초병이 있었다. 부대 정문을 다시 나와서 팔봉산 오르는 길인 듯한 지도 상의 좁은 길을 좌측으로 갔다.

반응이 없어서 우측 골목길로 가자 해서 조금 가니 반응이 나타났다. 내려서 탐사했더니 방향도 예상 출구와 3개의 (다목적)공간도 정확했다. 고물상 정문으로 예상 출구선이 들어갔다. 높은 산이 가려 있는 넓은 지역이었다.

인천시 서구 금곡 향동 고철 집하장 앞 예상 출구 우측 3개 (다목적)공간 있는 곳 / 2007.11.15 탐사

어떻게 정확히 측량해서 이곳에 왔을까? 이렇게 쉽게 탐사한 것이 너무 이상했다. 하느님의 섭리를 믿지만 기적같이 느껴졌다. 인천 전철역에서 서울역으로 와서 쉽게 마산으로 올 수 있었다.

팔봉산 해병2사단 뒤의 향동의 고물상 정문 앞 우측으로 3개 공간을 냈고, 190°로 온 땅굴의 예상 출구선은 정문이 보이는 산 앞에서 출구를 내는 것으로 보인다 / 2007.11.15 탐사

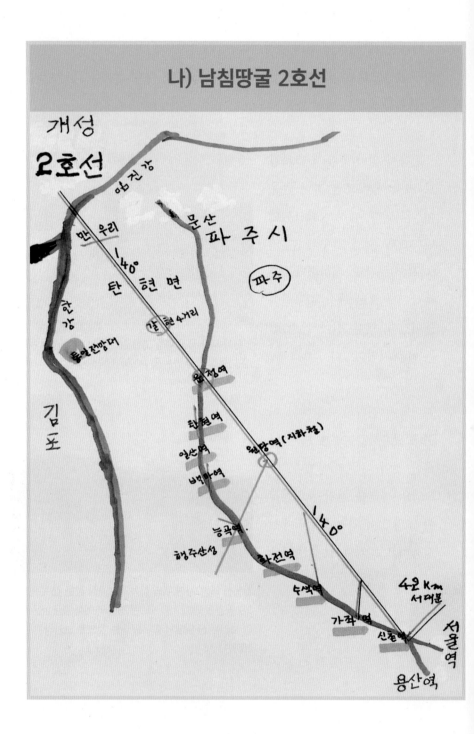

나) 남침땅굴 2호선

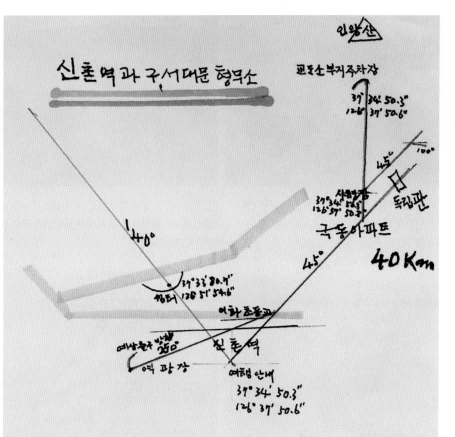

신촌역과 구 서대문 형무소

인왕산

교도소 부지 주차장
37° 34′ 50.3″
126° 37′ 50.6″

45°

100°

독립관

45°

사형장
37° 34′ 50.3″
126° 37′ 50.3″

극동아파트

40 Km

140°

37° 35′ 80.4″
126° 51′ 54.6″

이화 초등교

예상출구방향 250°

신촌역

역광장

여행정보 안내
37° 34′ 50.3″
126° 37′ 50.6″

1) 개성 남쪽 개풍군 장단면 대릉기에서 200 수십 미터를 완경사로 내려가서 1km에 3~4m를 기울기를 두고 구 서대문 형무소에 예상 출구로 하여 왔다.

2) 경원선 기차역에 예상 출구를 내도록 설계했다. 아직 다 찾지 못했으니 기차길 우측으로는 많을 것이다.

3) 신촉역에는 서대문으로 가는 선 250° 방향으로 더 얕게 신촌역으로 와서 현재 신촌역사 광장에서 우측으로 구부려 놓았으니 이화 초등학교 울타리 내를 예상 출구로 측량한 듯하다.

경의선 신촌역 역전 광장의 조형물을 지나서 여행사 건물 정면으로 남침땅굴 2호선이 왔음(140° 방향) / 2007.8.27 탐사

경의선 신촌역 앞 여행사 정문 계단 앞에서 남침땅굴 2호선이 45° 방향으로 구 서대문 형무소로 갔음 / 2007.8.27 탐사

경의선 신촌역 역사

이대부속초등학교 좌측 휴게소

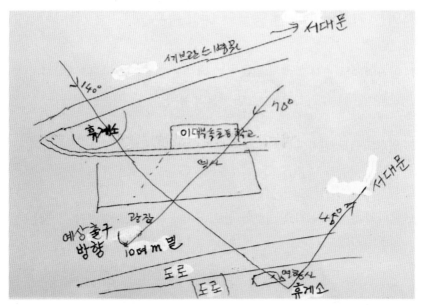

경의선 신촌역 인근의 남침땅굴 2호선

파주시 탄현면 갈현리 갈현마을 사거리. 140° 방향으로 남하한 남침땅굴 2호선이 지남 /
2007.10.4 탐사

경의선 기차역마다 낸 땅굴의 예상 출구

1. 탄현역에는 역사 앞에서 북쪽으로 예상 출구를 냈다. 3개의 (다목적)공간은 160° 150° 130° 방향으로 만들어 놓았다.

2. 일산역에도 기차 위에서의 땅굴반응이 있었으나 내려서 탐지하지 못했다.

3. 백마역에는 역사 좌측 대로와 철로 사이에 숲이 있고 그 사이에 작은 찻길을 따라서 북에서 남으로 예상 출구를 냈다. 3개의 (다목적)공간은 130° 150° 160° 방향으로 철길 쪽으로 내놓았다.

4. 능곡역에는 행주산성으로 나가는 선에서 290° 방향으로 내서 역광장 앞 대로 건너에서 좌측 공간은 구내 좌측 숲 쪽으로 냈고, 290° 선은 예상 출구로서 현 역사 화장실 쪽으로 바로 가서 철로 구내로 갔다. 두 번째 공간은 역사 좌편 화물취급소 앞으로 냈고, 나머지 한 공간은 역광장에서 화물취급소보다 더 좌측으로 냈다.

5. 화전역에는 수색역 쪽에서 320° 방향으로 올라와서 역사 앞에 신축 역사 임시 사무실이 길게 2층 가건물이 있는 곳으로 철길 쪽으로 출구를 냈다. 3개의 (다목적)공간은 현 역사 좌측에 290° 300° 310° 방향으로 냈다.

6. 수색역은 160° 방향으로 망월산에서 와서 현 역사 정문으로 들어와서 출구를 냈다. 3개의 (다목적)공간은 역 우측 광장 돌탑에서 220° 240° 260° 방향으로 냈다.

7. 가좌역은 2007.6.4 탐사했는데 북에서 180° 방향으로 와서 역사 정문으로 들어와서 예상출구를 냈다. 역전 건널목에서 250° 270° 300° 방향으로 3개 (다목적)공간을 냈다. 이 3개 공간을 4~5십 미터를 길게 낸 선의 깊이가 30여 미터로 설계된 곳에, 암반이 약해서 모래내라는 이름이 뜻하듯이 쌓인 모래가 요즈음 복선공사로 폭파한 곳에 수맥이 터져서 북쪽으로 물과 함께 모래가 솔솔 흘러가서 동공이 점점 커져서 5월 3일 17시 15분에 큰 지반침하 사고가 난 것이다.

2007.5.3(목) 17:15 가좌역 지반침하 사고
(역사에서 40m 위치, 길이 50m, 폭 30m, 깊이 30m의 크기)

신문에도 이 지반침하 사고와 공사는 무관하다고 발표했으나, 100대 트럭이 메우는 분량의 흙은 어디로 갔단 말인가? 저자는 북쪽으로 모두 흘러갔다고 본다.

가좌역

가좌역의 철길이 엿가락 같이 휘어진 함몰됨(5월 3일 사고)
/ 2007.6.6 탐사.

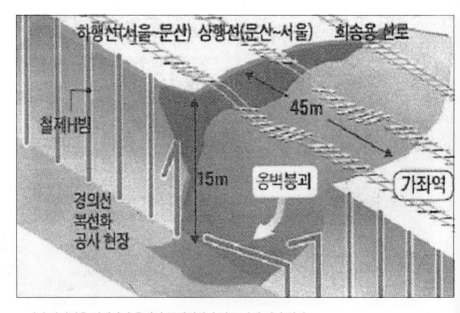

※지하 작업장을 지탱하던 옹벽이 붕괴되면서 선로 아래 지반 침하
가좌역 사고현장 / 2007.5.4. 동아일보

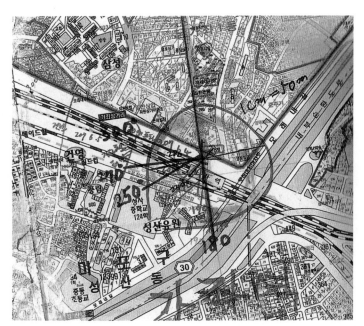

가좌역 대형 지반침하 사고 현장 / 2007.5.3.

가좌역 앞 건널목에 갔을 때 180° 방향으로 온 남침땅굴이 역사 정문으로 들어갔고, 이 건널목 도로 중앙에서 250°, 역사 입구 화장실 270°, 300° 방향으로 50m의 공간이 우측으로 들어간 곳에서 함몰된 것을 짐작했다. 180° 방향으로 지나가는 도로에서 탐지했을 때도 대형버스가 지날 때마다 그 방향으로 땅이 많이 울렁거리는 것을 느꼈다. / 2007.6.6

탄현역 우측으로 정북 방향으로 임시 승강장 건너 건물이 있는 곳으로 예상 출구를 냈음.
임시 승강장 앞 우측으로 (다목적)공간 3개를 냈음. 130° 150° 160° / 2007.11.14 탐사

행주산성으로 가는 남침땅굴 2호선이 행신역 근처에서 110° 방향으로 능곡역 우측 화장실로
예상 출구를 냈음. 역전 광장에서 좌측 화물취급소 쪽으로 2개 (다목적)공간을 냈고, 역전 대로
건너에서 화물취급소 숲으로도 공간을 냈음 / 2007.5.14 탐사

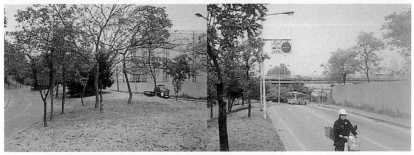

백마역 좌측 대로와 철로 사이 도로로 180° 방향으로 와서 이 공원에 예상 출구가 있음. 철로를
오는 사람 우측으로 향해서 130° 150° 160°로 (다목적)공간을 냈음 /2007.11.14 탐사

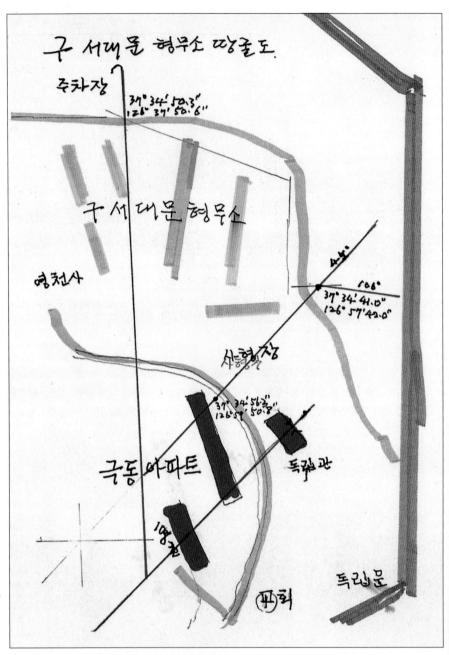

구 서대문 형무소로 뻗은 남침땅굴 2호선의 지선들

서대문 형무소 역사전시관(우측 사진) 뒷뜰로 (북쪽으로) 온 땅굴이 이 감시탑의 끝에 있는 주차장 우측
에 예상 출구선을 구부려 놓았음 / 2006.12.20 탐사

경의선 신촌역에서 45°방향으로 뻗은 땅굴이
독립관 정문 간판 앞의 뜰에 (다목적) 공간 1번을
냈음 / 2006.12.20 탐사

극동아파트 10호 앞에서 인왕산을 향해서
북쪽으로 예상 출구선이 길게 뻗어 사형장 앞에서
이 건물 우측으로 다시 뻗어 45° 및 100°로
(다목적) 공간 2개를 냈음.

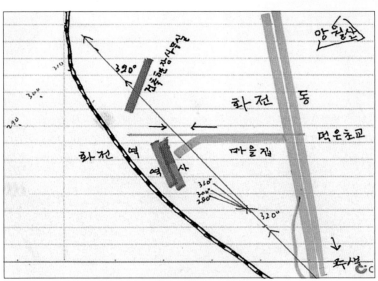

경의선 복선공사로 화전역 우측 신축공사 현장사무실(가건물) 입구
좌측 문 기둥으로 320° 로 예상 출구를 냈음 / 2007.5.14 탐사

경의선 수색역으로 남침땅굴 2호선이 160°로 와서, 돌탑 앞에서 220° 240° 260°로 (다목적)
공간을 냈음 / 2007.5.14 탐사

다) 남침땅굴 4호선

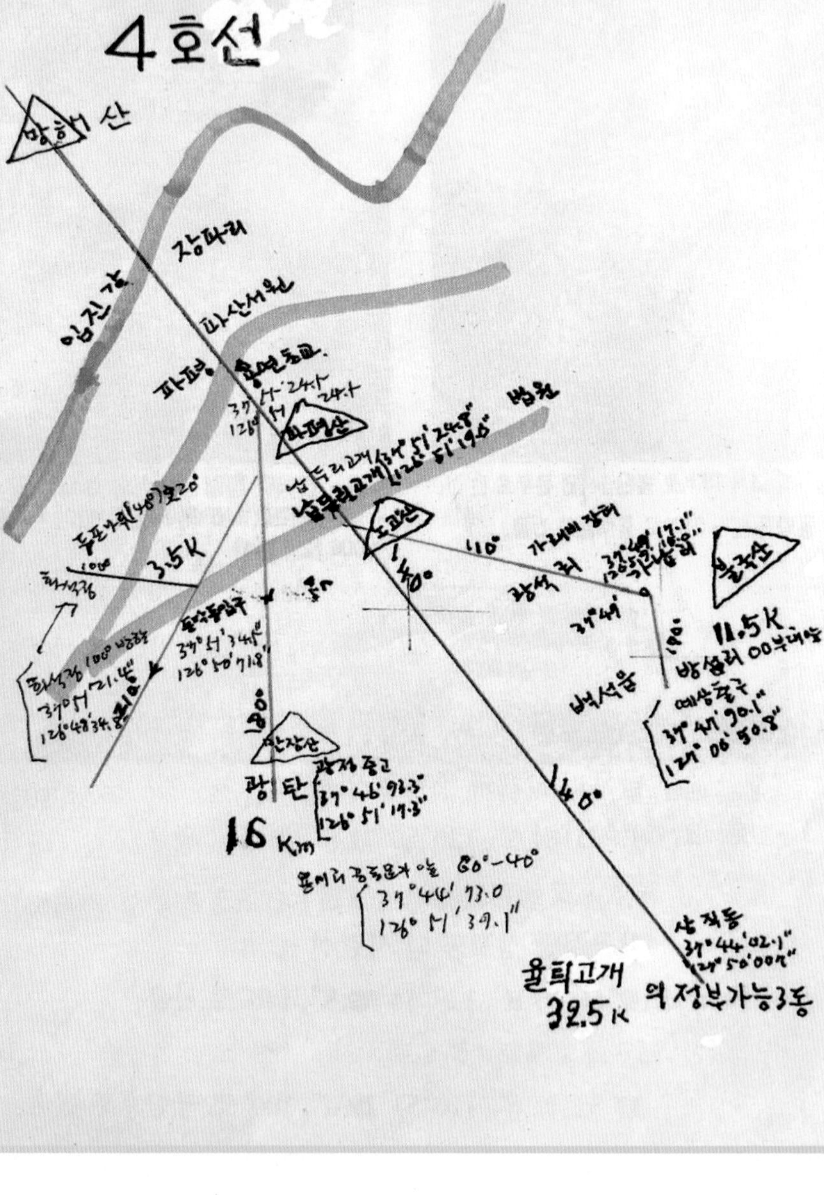

납두리 고개를 지나 180°로 광탄면 1사단 본부로
온 땅굴선

동막동 입구 210°로 용주골로 갔음

법원읍 갈곡리 점말 갈곡성당 성모상 앞사람 선
곳을 지나 140° 방향으로 의정부시로 뻗은
남침땅굴이 지나감 / 2006.12.5 탐사

2006.12.5(화)   납두리 고개 364호 도로:

(37° 51' 24.8", 126° 51' 19.0") 180°로 광탄으로 왔음.

364호 도로: 납두리 고개와 동막동 입구

(37° 51' 34.5", 126° 50' 71.8") 210°로 왔음.

56호 도로 법원읍 갈곡리 점말: 갈곡성당 성모상 앞 사람

선 곳 (37° 50' 77.8", 126° 54' 89.3") 140°로 왔음.

지하 폭파음이 난 의정부시 가능3동 이국진씨 집

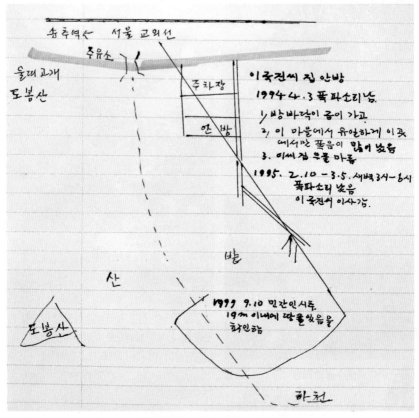

송추역 서울 교외선
주유소
울때 고개
도봉산
주차장
안방
산
밭
도봉산

이국진씨 집 안방
1994. 4. 3 폭파소리남
1, 방바닥이 금이 가고
2, 이 마을에서 유일하게 이곳에서만 폭음이 많이 났음
3, 이씨 집 우물 마름
1995. 2. 10 ~ 3. 5. 새벽 3시 ~ 6시 폭파소리 났음 이국진씨 이사감.

1999. 9. 10 민간인 시추.
19m 이내에 땅굴 있음을 확인함

하천

의정부시 가능3동 39호 도로 울띠(율틔) 고개 앞 상직동 이국진씨 집

가능3동 예상 출구 전 (다목적)공간 3개를 낸 곳
/ 1996.11.25 탐사

가능3동 예상 출구 지역의 넓은 공간
1996.11.25 탐사

예상 출구 지역에 넓은 공지가
있다. 그들이 어떻게 알고 이곳에
예상 출구를 준비했을까?

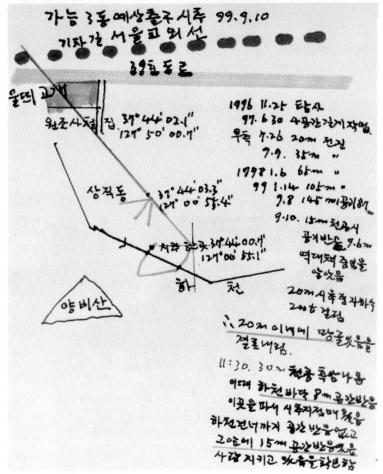

가능3동 예상 출구 지역 시추 / 1999.09.10

1999.9.10. 남침땅굴 4호선의 의정부시 가능3동 예상 출구 지역에서 민간인이 시추해서 지하 15~19m 구간에 땅굴이 있음을 확인함.

의정부 가능3동 민간인의 시추 현장 / 1999.9.10

라) 남침땅굴 6호선

6 호선

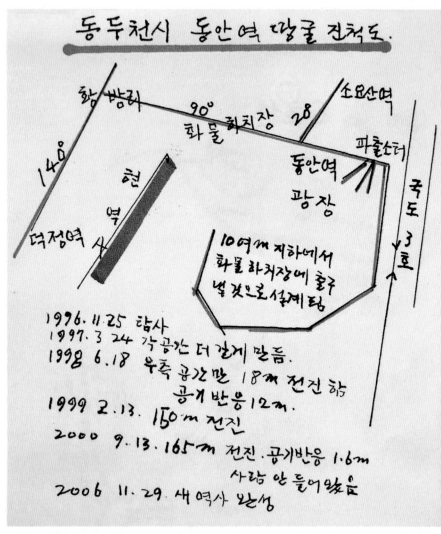

남침땅굴 6호선의 동두천 동안역 인근 진척도

소요산 역전에 20°로 와서 역전 좌측
에서 30° 50° 60°로 (다목적) 공간을 내
고 20°의 공간은 전곡으로 가는 큰 길
을 바로 건너서 전쟁기념관 앞길로 가
서 좌측으로 출구를 냈음.

동두천 동안역 좌측에서 소요산역으로 20° 방향으로 갔고, 이 광장 가운데서 예상 출구를
준비했다. / 2006.11.29

1997.09.10(수) 임진강 비룡대교 우측 강가에 (다목적)공간 4개 중 우측

것은 100여 미터 나갔음. 강변이 예상 출구임.

연천 백학면 학곡리
동두천선(140°)이 지나는
지점에서 저자 /
1999.10.15

1998.12.27(일) 연천군 백학면 노곡리 노곡교회 정문으로, 200°로 와서 학곡리로 가는 도로 스갱쟁이 마을 임진강 가의 밭에 (다목적) 공간 3개를 내고 우측 공간은 길게 냈다. 그리고 구미리 절개지에서도 탐사했다.

구미리는 1990년 5월 최봉연씨 집 우물 천공 때 지하 18m에서 공기 나옴. 로테이션 물이 빠지고 찬바람이 나와서 25사단에 신고해서 정보참모 성 소령이 와서 확인했다. 우물을 판 사람은 윤태원씨다.

여름에 비가 많이 내려 임진강이 범람했을 때 마을 앞 강변으로 내려가는 길 쪽으로 땅굴 징후가 있었다. 범람한 물이 강변으로 가는 길에서 빠졌다.

이곳의 지층은 30여 미터 밑에 땅굴을 파는 중 폭파에 의해 직각으로 균열이 났기 때문에 지하 18m에서 공기가 새어 나오고, 여름에 강이 범람했을 때 마을 입구의 4개 (다목적) 공간 가운데 제일 우측 공간을 길게 내었기 때문에 그 (땅굴)선을 따라서 물이 빠진 것으로 본다.

최민용씨가 이미 엘 로드(L-Rod)로 강가의 밭에 절개 지점을 정해서 절개공사를 하고 있었다.

1999.02.13(토) 절개지 앞 밭 언덕 위의 땅굴의 공기 반응 폭은 9m였고, 절개지 앞에서 동쪽으로 (역대책으로) 돌려파서 강으로 길게 나간 선에 연결해 놓은 것을 탐지했다.

1999.09.10(금) 절개지 앞 공기 반응 폭은 10.5m, 돌려판 선은 10m, 땅굴에 사람 대기 중임.

1999.10.15(금) 절개지 앞 공기 반응 폭은 8.7m, 돌려판 땅굴선은 12m였다.

1999.10.24(일) 백관(우물통) 직경1.2m, 길이 6m를 넣었다. 임진강 수면 아래로 10여 미터를 포크레인으로 파 내려갔으니 강물이 쏟아져 내려, 계속 퍼내느라고 작업이 어려운 것을 보고 그렇게 하라고 이창근 씨에게 말한 것이 실행되어 기뻤다. 그 후로는 파 올리는 것을 백관 밖에 버려서 메우니 굴 속으로 물이 들어가지 않아서 작업이 매우 쉬웠다. 깊이 내려갈수록 북쪽 사람이 다시 되메운 곳에서 시멘트 방수제 같은 것이 섞여 나와서 강물이 전혀 못 새어 들어오는 특수효과가 있었다. 늙은 쥐가 독 뚫는다더니 이 늙은 (서양)중의 쓸모를 경험했다.

임진강변 수면 아래로 10여 미터 굴착한 모습

구미리 임진강변 지하 300여m 땅굴 현장 탐사 후
촬영 / 1999.11.3

1999.11.03(수)   12시~13시 탐사. 구미리 역갱도 공사 현장 탐사. 직경
11.2m 길이 6m의 백관을 넣고 수직공(우물통) 내에서
12m 깊이에서 작업하고 있음. 현재 지표에서 총 27m 깊
이임. 공사장 앞의 지표에서 공기반응 8.2m, 이곳 땅굴
에 사람이 대기 중임을 알 수 있었다. 사람이 대기하고
있는 지점에서 좌측으로 새로운 공간을 길게 강바닥으로
내서 우측으로 구부려 놓은 것을 금일 발견했다. 끝의 공
기반응 폭 6.4m였다.

1999.11.16(화)   12:00 구미리 역갱도 공사 현장 탐사.

구미리 임진강변 역갱도 공사 현장 / 1999.11.16

구미리 300여 미터 수직공 사진 / 1999.12.23

30여 미터 지하 땅굴에서 되메운 증거를 확임함 / 땅굴 속에서 작업하는 민간탐사자 /
1999.11.16 저자 촬영　　　　　　　　　　1999.11.16 저자 촬영

1999.12.03(금)　　구미리 역갱도 작업을 하는데 돕기 위해 갔으나, 현장에
서 작업을 주관하는 최민용 집사님이 저자가 현장에 들
어오는 것을 거절한다고 해서 현장 탐사를 못 하고 돌아
섰다. 민간인이 남침땅굴을 찾는 데도 큰 이권이나 명예
를 위해서 하는 것 같아서 매우 섭섭했다. 전쟁이나 적에
게 공격을 받지 않도록 모든 민간인이 합심해서 사비와
희생을 바치는 애국심 하나로 난공사를 하는 데 조금이
라도 도움이 될까 해서 일부러 갔는데 헛걸음 하고 돌아
오니 마산까지 오는 내내 쓸쓸했다. 그러나 최 집사가 하
는 일이 잘 되도록 하느님께 기도했다. 그 후 타인을 통
해서 다시 연락이 와서 구미리 땅굴 속 현장에 내려가서
탐사하고 왔다. 12월 17일 14시에서 15시에 하상(강 바닥)
에 불도저로 밀고 포크레인으로 판 9m 지점에서 백관(우

물통) 6m의 케이싱 처리를 하고 그 안에서 파 내려간 30여 미터 지점을 사다리를 타고 내려가는데 약 30년 당뇨병으로 쇠약해진 저자에겐 매우 힘들었다.

여기를 확인하기까지 우리 민간인들이 고생하는 긴 기간 동안, 지하 남침땅굴에서는 북한군이 역대책으로 이곳을 넓게 파서 방수제와 함께 되메워 놓았다. 그 기술이 정교해서 이곳 암반 색과 거의 비슷했다. 원래 있는 바위를 깨어낸 곳 앞에는 5m 정도 길이에 높이가 2m 정도 되고 두께가 20cm 되어 보이는 반듯한 벽을 세워 놓았다. 그 바닥 가운데는 몇 cm 되는 구멍이 있었다. 그곳에서 물이 졸졸 나오고 있었다. 이 인공벽과 자연 바위벽은 누가 보아도 확연히 구별할 수 있었다. 그리고 또 한가지 확증은 메꾼 것을 다 긁어낸 바닥에 손바닥 크기의 가운데가 움푹한, 즉 기계로 갈아낸 것이 확실한 인공적인 흔적들이 남아 있었다. 여기서 일하는 형제 같은 민간탐사자들 중에는 일부러 그런 눈속임을 할 수도 없고 또 그런 기계도 없었다. 저자는 바닥을 세밀히 탐사했다. 저 안쪽 벽 앞 바닥 밑으로 땅굴반응이 있었다. 북한군이 이곳을 전부 되메우고 이 아래로 나갔다는 것을 알았다. 저자가 판단하기엔 100% 인공적인 것임을 확인했다.

이 공사에 직접 참여하지 않은 사람이 슬쩍 내려가 보고는 왜 뻥 뚫린 땅굴이 안 보이는가 했을 것이다. 군 당국에서는 더욱 그렇게 말했을 것이다. 최전방에서는 철책선의 후방 10km 이상에서 매일 폭파음이 크게 나는데도 땅굴이 철책선에서 500m를 오지 못했고, 1980년대 초에 모두 중단되었다고 하던 그들은 눈으로 보아도 귀가 있어도 마음이 막혀서 모두 부인할 것이다.

저자는 3번 내려가서 확인했다. 그곳의 실물을 손으로 긁어 뭉쳐서 가져다 놓았더니 돌같이 딱딱해졌다. 틀림없이 시멘트와 관련 있는 (인공)물질이었다.

1999.12.06(월) 백학면 아미리 이승환씨 집 지하에서 폭파음 신고로 이미 시추했다. 4개 (다목적) 공간을 확인했다. 이때 우측 공간이 멀리 나간 것을 알고 대공大孔으로 시추할 지점을

구미리 임진강변 100여m 깊이 판 곳

임진강이 물이 흐르는 강변의 공사 현장

구미리 임진강변 지하 300여m 땅굴 현장 탐사 후 촬영 / 1999.12.6

구미리 임진강변 지하 300여m 땅굴 내 현장 촬영 / 1999.12.6

정해 주었다.

1999.12.23(목) 남침땅굴 발견 기자회견

현장에서 저자의 인격을 걸고 내외신 기자 앞에서 성명
서를 발표했다. 그러나 국방부도 북한도 세상도 조용해
서 저자도 좋았다. 8년이 지난 오늘에 와서 다시 거론하
는 뜻은 제발 서로 용서하고 화해하여 과거를 탓하지 말
고 앞을 멀리 높이 하늘을 바라보면서 우리 선조 대대로
의 양심과 인격을 되찾아서 홍익인간의 정신을 깨우치기
바란다. 민간 땅굴 탐사자에게는 너무나 괴로운 오랜 작
업이었지만 남침땅굴의 확증은 확실했다. 현장에서 내외
신 회견에 참석한 기자들이 수직공(우물통) 안으로 들어
가 보고 왔으니 제각각 정확히 보았을 것이다.

아미리 이승환씨 집 마당 직경 60cm x 37m에서 땅굴이 걸림.
40m 천공해서 큰 수맥이 걸려서 다시 메꾼 돌들이 많이 나왔음 / 1999.12.6

이종창 신부 성명서 (1999년 12월 23일)

1. 저는 라리에스테지 탐사(심령탐사, 다우징)방법으로 1974년 12월 2일부터 25년 되는 오늘에 이르도록 땅굴탐사를 해 왔습니다.

2. 저는 여기 이 공사도 도와 왔습니다. 민간인들만의 노력으로 오늘의 결실을 보기까지 물질적으로 정신적으로 어려움을 극복하며 바친 이범찬 씨와 모든 분들의 애국애족 정신을 높이 평가하면서 감사를 표합니다.

3. 제가 탐사한 바에 의하면 북한은 이곳까지 14km에서 30km 내외의 장거리 땅굴을 뚫어서, 1998년 이후에는 10여 미터 밑에 예상 출구를 완성하고 밤낮으로 인간을 대기시켜 놓고 있는 상태입니다.

4. 예상 출구는 전 전선을 통하여 150공 이상 있는 것으로 봅니다. 그것들은 대부분 서울을 목표로 하고 있습니다.

5. 저는 빠른 시일 내에 국가차원에서 이를 확인하여 파괴해야만 우리나라가 안전하리라고 봅니다.

노곡리 임진강변에서 내외신기자회견(1999.12.23)

동아일보 정치면 기사(2000년 1월 20일)
[한나라당이 제기한 '경기 연천 북한 땅굴'은 사실일까?]

한나라당이 의혹제기 하루만인 21일 별다른 후속 입장 발표 없이 꼬리를 내리고 있고 국방부도 강하게 부인하고 있어 현재로서는 '사실 입증'이 어려운 상황이다. 땅굴의 존재를 확인 중이던 경기 연천군 백학면 구미九尾리 주민들의 요청에 따라 1998년 12월부터 10여 차례 현지답사를 한 이종창(67세 경남 함안 가르멜 모후 수녀원) 지도신부는 "땅굴의 존재를 100% 확신한다"고 주장. 이 신부는 "자연적인 지하 구조가 아니라 극히 인공적인 흔적이 곳곳에서 발견된다"며 "남쪽에서 땅굴 확인 작업에 나선 사실을 알고 북쪽이 모래와 시멘트 등으로 땅굴을 일시적으로 폐쇄한 것으로 보인다"고 설명. 국방부는 예상 입구로부터 의혹 지점까지 12km에 이르는 땅굴을 파려면 엄청난 규모의 환기 및 배수 시설이 필요하고 표고분석 결과 땅굴이 지상으로 노출되는 지점이 많은 점 등을 들어 땅굴이 아니라고 단정. 한나라당 이사철 대변인은 21일 "우리가 의혹을 제기한 만큼 정부 여당이 명확히 진상을 밝혀야 한다. 당 차원에서는 별도의 조치를 검토하지 않고 있다"고 한발 후퇴. 한나라당이 이처럼 꼬리를 내리자 당 안팎에서 의혹제기 과정에 문제가 있었다는 지적이 무성. 한 관계자는 "한달 전쯤에 연천에서 땅굴을 발견했다는 증언을 입수했다"고 설명. 그러나 한달 가까이 현장 조사를 실시하지 않던 한나라당이 20일 서둘러 땅굴 의혹을 들고 나온 것은 여당에서 이회창 총재의 '안보서신'을 문제 삼았기 때문, 즉 정부 여당이 안보를 소홀히 하고 있다는 점을 부각시켜 여당의 공격을 희석시키려 했다는 게 중론. 현재로선 한나라당은 정치적 문제에서 땅굴은폐 의혹을 제기했다는 의심을 살 만한 입장. 한나라당은 땅굴 발견 의혹을 보도했던 지난해 12월 24일자 한 주간신문 기사를 복사해 배포했을 뿐 공당에 걸맞는 구체적 자료는 내놓지 못하는 실정.

주간현대(2000년 1월 9일) 135(8)호 14면
육군본부 탐사(땅굴) 과장 김병조 대령(의 반론)

1989년부터 1997년까지 그들의 민원에 따라 우리 군은 580공을 뚫었다. 전혀 과학적이지 않은 제보로 계속해서 예산을 낭비할 수는 없는 노릇이 아닌가. 이번 땅굴 발견 소동도(1999년 12월 23일 발표) 바로 그 사람들이 관련되어 있음을 우리는 너무 잘 알고 있다. 우리는 이미 1999년 3월부터 12월 3일까지 그 지역(연천군 백학면 구미리)의 상위지대인 25사단 지역에서 대대적인 탐지 작전을 수행했었고 결과적으로 땅굴 징후가 없다고 공식적으로 판단했던 터라 민원 접수 후 수차례 탐방 결과 그들의 주장이 전혀 과학적이지 않고 상식에도 어긋나는 내용들이라 이를 인정하지 않은 것이다. 1999년 12월 23일 민간 탐사팀은 땅굴 지점을 내외적으로 공개하기 시작했고 과학적인 충분한 근거가 있다고 주장하는데 육군본부 탐사과에서는 최첨단 과학 장비로 땅굴 예상 지역을 찾고 있다. 그들이 주장하는 충분한 과학적 근거란 것은 이미 터무니없는 것으로 판명이 났다. 그들이 결정적인 증거로 내세우는 암석 이물질은 그들의 주장과는 전혀 다르다. 우리가 대한광업공사와 한국과학기술연구원 그리고 한국자원연구소에 의뢰하여 조사한 결과 100% 땅굴 자연 현상의 일종이라는 답이 도출되었다. 민간 탐사팀은 공식적인 기관에 조사 의뢰를 했다고 하지만 그 기관의 이름을 밝히지 못하고 있다.

민간 탐사팀엔 1975년 박정희 전 대통령으로부터 보국훈장 광복장을 받는 등 땅굴 탐사에 있어 공로를 인정받은 바 있는 이종창 신부도 포함되어 신뢰도를 더하고 있는데 - 그분과 몇 번 만나 면담을 나누었다. 그분은 라리에스테지라는 탐사 방법으로 땅굴 탐사를 하고 있다. 라리에스테지란 프랑스 말로 '점치는 막대기'라는 의미다. 말 그대로 작대기 등의 도구를 써서 땅굴을 찾아낸다는 것이다. 그분을 비하하고자 하는 것이 아니라 우리는 땅굴 탐지 작전을 펼 때 지오비스(Geovice), 팸스(Pamss), 아울, 건층기, 조텍스, 라마기 등 첨단기기 6종류 이상을 쓴다. 아무리 과학의 한계가 있다고 하지만 어느 방법이 더 정확하고 과학적인가는 상식적인 문제라 생각한다.

2000.05.02(화) 직경 60cm로 천공해서 지하 37~39m에서 땅굴 징후를 발견했으나, 더 확인하기 위해서 41m까지 천공했을 때 큰 지하수에 걸렸다. 이날 저자가 탐사했을 때 37m에서 걸린 땅굴을 되메운 이곳 지층의 돌들이 수북이 나와서 쌓여 있었다.

이날 앞쪽 논들에서 탐사해서 이승환씨 집에서 30여 미터 앞에 막았고 그 앞 논들에서 남쪽으로 와서 4개 (다목적) 공간을 내서 제일 우측 공간을 길게 해서 직경 60cm로 시추한 선을 길게 해서 큰 밭머리의 산 앞에서 끝낸 곳 남쪽에까지 다시 파서 완성시킨 모습을 볼 수 있었다.

2007.11.23(금) 철원읍 중세리에서 일월산을 지나 연천군 신서면 대광리 대광중학교, 연천읍 동막리 그리고 전곡 한탄교 37호 도

로 천 주유소에 (다목적)공간 3개 내고 주유기 앞에서 고소성리 쪽으로 돌려서 예상 출구선을 냈다.

전곡 예상 출구는 초등학교 앞 전곡역전 구내 근처에 두었다. 초등학생이 철길을 안전하게 건너도록 구름다리를 놓았다. 정문 좌측으로 나온 예상 출구가 이 구름다리 앞에 있다. 여기서 역 구내에 연결된 울타리 안에서 밖으로 나오도록 설계된 듯하다. 어떻게 이 지역을 정확히 알고 설계했을까? 조금 앞은 도로이고, 이 근처는 민간인 집이 있는 곳이다.

마) 남침땅굴 7, 8호선

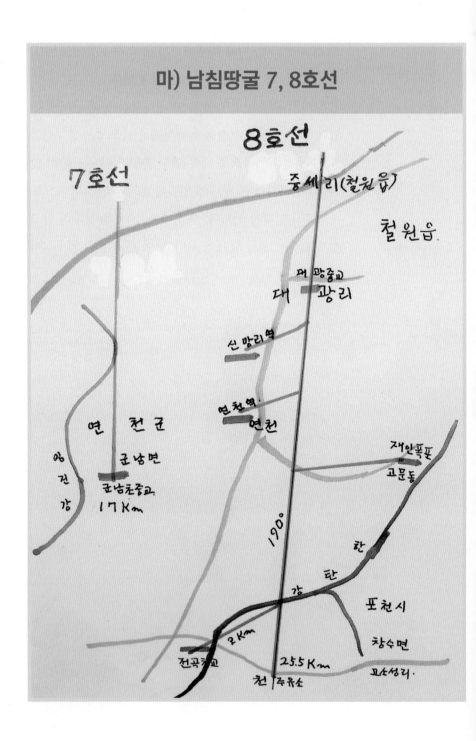

남침땅굴 7호선이 180°로 연천군 군남초중학교로 와서 정문 앞 마당에 (다목적) 공간 3개를 냈음. / 2008.2.27

군남초중학교 정문 우측에 이웃 여러 초등학교를 모아서 한 학교로 운영하는 건물들.
남침땅굴 7호선이 180°로 우측 교문 앞으로 와서 정문 안에 3개 공간을 냈고, 예상 출구는 좌측 논에 냈음.

남침땅굴 8호선이 190°로 대광중학교로 와서 30°로 예상 출구를 냈음

남침땅굴 8호선이 190°로 천 주유소로 와서 고소성리 쪽으로 구부려 예상 출구 냈음.

남침땅굴 8호선의 분기선이 240°로 뻗은 연천군 전곡초등학교 정문 안의 우측 놀이터로 와서 (다목적) 공간 3개 냈음(100° 120° 140°) / 2008.1.29

연천군 전곡초등학교 육교 기차길 앞 도로 변까지 확인 / 2008.1.29

8호선이 연천군 신망리역 우측 파출소 좌측으로 와서, 화장실 좌측으로 예상 출구선이 있고, 파출소 밑으로 (다목적) 공간 3개 냈음 / 2008.2.27

남침땅굴 8호선이 연천군 연천역 앞으로 와서 정문으로 예상 출구선이 지나가고, 그 우측으로 (다목적) 공간 3개 냈음 / 2008.2.27

남침땅굴 8호선의 분기선이 연천읍 재인폭포 앞에 (다목적) 공간 3개 내고, 그 우측으로 예상 출구선을 냈음 / 2008.2.27

바) 남침땅굴 10호선

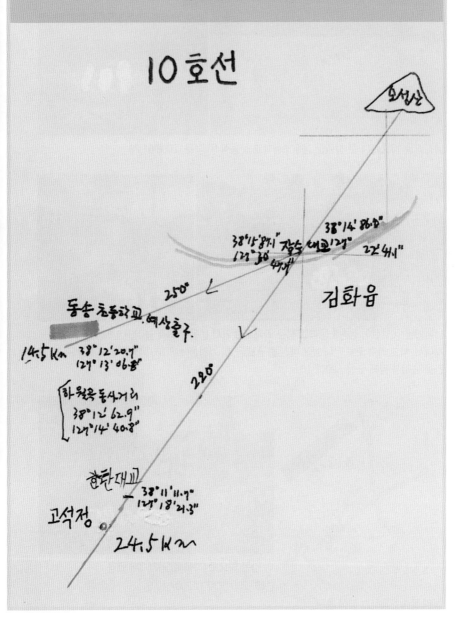

남침땅굴 10호선이 온 철원군 동송초등학교 운동장 및 정문 /2008.01.29

남침땅굴 10호선이 동송초등학교 정문 좌측으로 와서 운동장 좌측 놀이터 앞에 있는 가건물을
지나서, 학교 좌측 도로 건너 밭에 예상 출구 냈음. 이 가건물에서 180° 200° 230°로 (다목적) 공
간을 원각사 앞에 냈음 / 2007.10.5

철원 동송초등학교 예상 출구

이 간판 쪽으로 (다목적) 공간 3개 냈음
(180° 200° 230°) / 2007.10.5

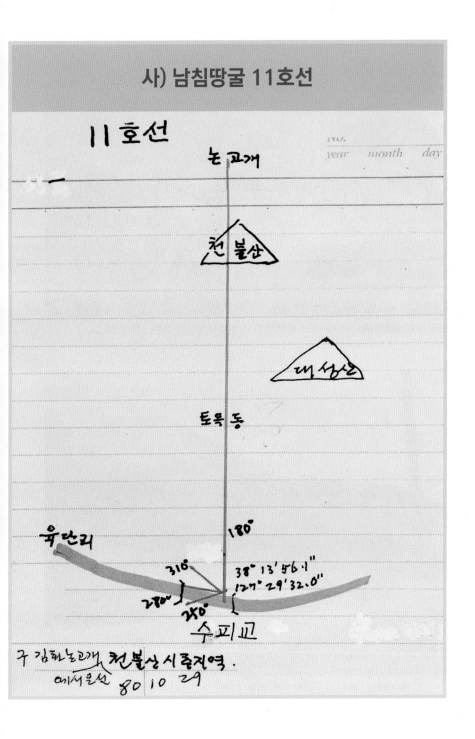

11 호선

논 고개

천 불산

대상산

토옥 동

육단리

180°

310°

280°

260°

38° 13' 56.1"
127° 29' 32.0"

수피교

구 김화노리개 천불상 시추지역.
예시물선 80 10 29

비무장지대(DMZ) 적 전방GP 80m 앞까지 탐사. 천불사 앞 시추 장면 / 1980.10.30.

구 김화 논고개에서 온 남침땅굴 11호선. 천불산 지나 수피교 다리 앞 전경

아) 남침땅굴 12호선

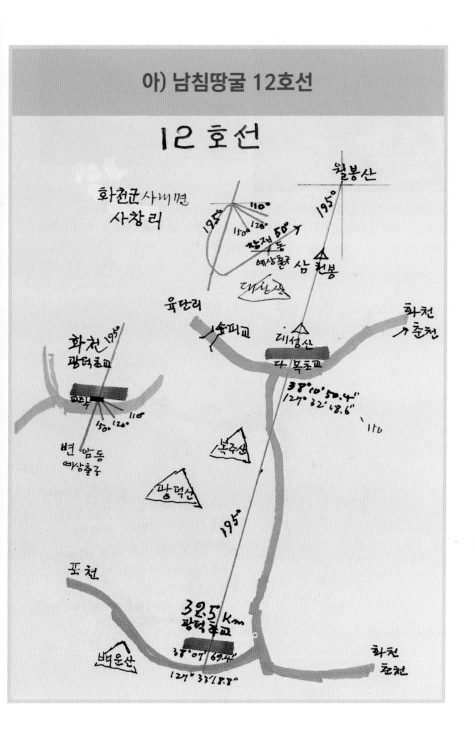

남침땅굴 12호선이 온 다목초등학교 정문.
운동장 우측에서 다목교 우측에 예상 출구
있음.

다목리, 파포리로 가는 도로 곁 주유소.
장재동 쪽으로 이 주유소 앞으로 50° 방향으로
예상 출구 냈음.

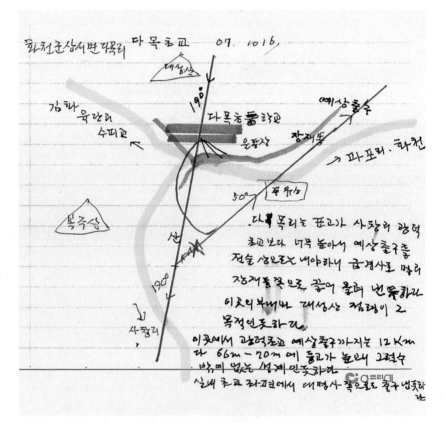

화천군 상서면 다목리 다목초등학교에서 나온 남침땅굴 12호선의 예상 출구선 / 2007.10.16

이렇게 끔찍한 비극을 낳나 봐.

분계선 표시판 세운 지 32년째

이쪽도 저쪽도 굵은 철조망을 높이 치고, 고압선 울타리 치고

조금이라도 더 높은 산에서 내려다보며 살피려고

산마다 벌거숭이 밀고 깎아내고 또 낸 길들

스무나무살 한창 나이 머슴아들의 손과 손에는

무시무시한 무기들이 들려 있고

뛰고 달리고 몸놀림 모두를 사람 잘 죽이는 방법 배우고 익히고

그 눈 또 마음의 눈도

총신 가늠대 위를 떠날 줄 모르게 하네.

왜, 이래야 할까?

항상 정다운 저 까마귀 떼들은

이들이 먹다 버린 밥찌꺼기 먹고도

저렇게 한가로이 나뭇가지에 모여 노는데

가끔 마음 내키면 저 북쪽에도 다녀오련만

오직 인간은

한 치도 더 가고 오지 못함이

까마귀만 못하네.

자) 남침땅굴 13, 14호선

남침땅굴 14호선이 북쪽 배선골에서 주파령을 지나서 화천군 상서면 산양리 사방거리의 산양초등학교 교단과 정문 좌편 문설주로 대충 남향으로 측량해 왔다. 이 땅굴은 사방거리 좌측 하천을 건너지 않고 오른쪽 하천 앞의 민가에 (다목적) 공간 3개를 냈다.

이때가 1984년 여름으로 여관의 문을 흔드는 지하 폭파음이 신고되어서 군당국도 알게 되었다. 저자도 이곳에서 땅굴이 어디로 예상 출구를 내도록 설계되었는지 계속 탐지해 왔는데, 예상 출구는 수원지를 지나서 두 하천이 만나는 지점의 밑을 지나서 사방거리 입구의 논들(현재는 집이 건축되고 있음)에 나오게 되어 있었다. 10여 미터 밑에 1999년경 모두 완성된 것으로 안다.

화천군 상서면 산양리 사방거리에서 마현리 아래 마현 버스승강장 좌편 밭에서 구부려 놓았다. 이곳의 예상 출구에서 나오면 5호 도로의 양편 산으로 차단되어 대혼란의 전투가 이어질 것은 확실하다. 저자는 전방부대의 화력이나 부대의 배치도 군사용어도 모른다. 평민으로 스스로 장군이 되어 왜놈과 대결한 사명스님을 생각하면서 33년간을 땅굴전투에서 남침땅굴을 감시해 왔다.

남침땅굴 14호선은 최전방 배선골에서 180°로 산양초등학교 정문 좌편 문에 왔다. 이 도로의 좌측 마을에 (다목적) 공간 3개를 내고 우측 주파령에서 오는 하천을 건너서 수원지를 건너서 다시 하천을 건너서 출구선을 냈다 / 1999.8.11 사방거리

화천군 상서면 산양리 산양초등학교 정문 / 2008.1.29

사방거리에서 마현 버스승강장

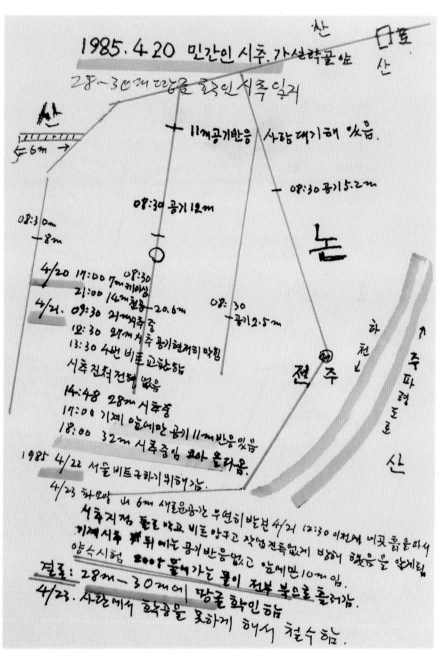

전방 땅굴: 민간인 시추 결과 지하 28~30m에 땅굴 확인 / 1985.4.20

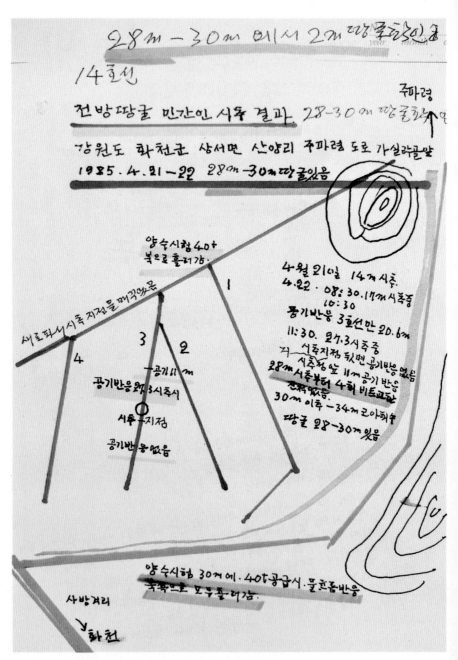

전방 땅굴: 민간인 시추 결과 지하 28~30m에 땅굴 확인 / 1985.4.21~4.22

차) 남침땅굴 15호선

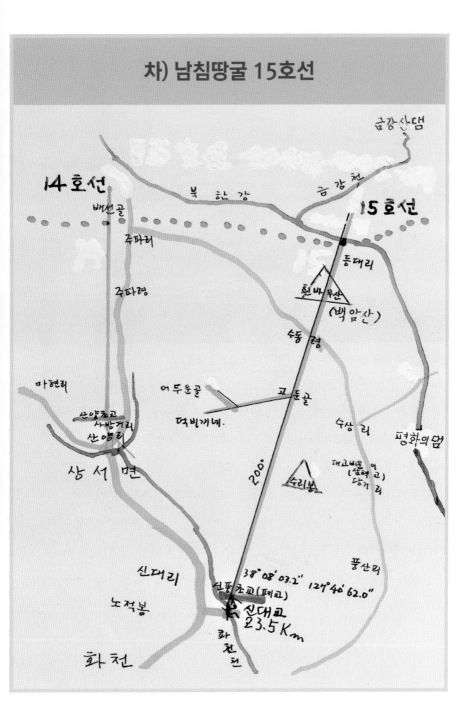

신대교 우측 교각 앞에서 좌측으로 구부려 예상 출구를 냈음.

    신풍초등학교(현재 폐교) 정문 앞에 있는 이 교량을 건너면 7사단 본부가 있다. 보이는 교회가 칠성교회. 이 교량의 좌측으로 백여 미터 경사로 파서 출구를 낼 것으로 설계된 것으로 보인다.

    이유는 교량 우측 교각 앞에서 좌측으로 구부려 놓은 땅굴 반응이 있기 때문이다. 북한군이 이곳에서 나와 기습한다면 그 결과는 어떻게 될까? 저 멀리 철책에서 북쪽만 바라보고 밤낮 이 추위에 떨며 고생하는 우리의 아들들은 어떻게 될까?

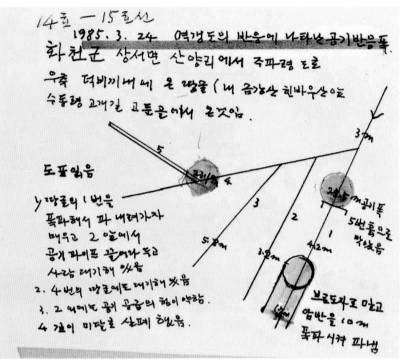

역갱도의 반응에 나타난 공기반응폭 / 1985.3.24

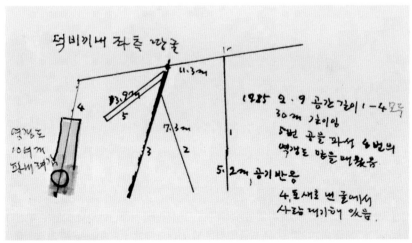

덕비끼네 좌측 땅굴 / 1985.2.9

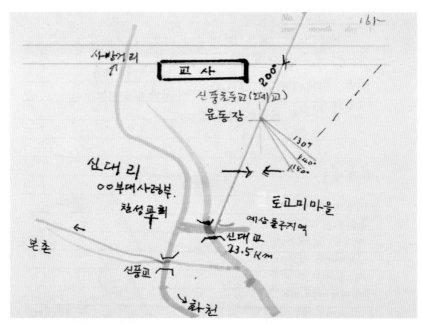

신풍초등학교 부근 예상출구

화천 7사단 앞 폐교된 신풍초등학교 운동장 우편으로 남침땅굴 15호선이 와서, 교문 우측에 (다목적) 공간 3개를 내고 200°로 온 땅굴은 정문 앞 신대교 앞에서 좌측으로 구부려 놓았음 / 2008.1.29

카) 남침땅굴 16호선

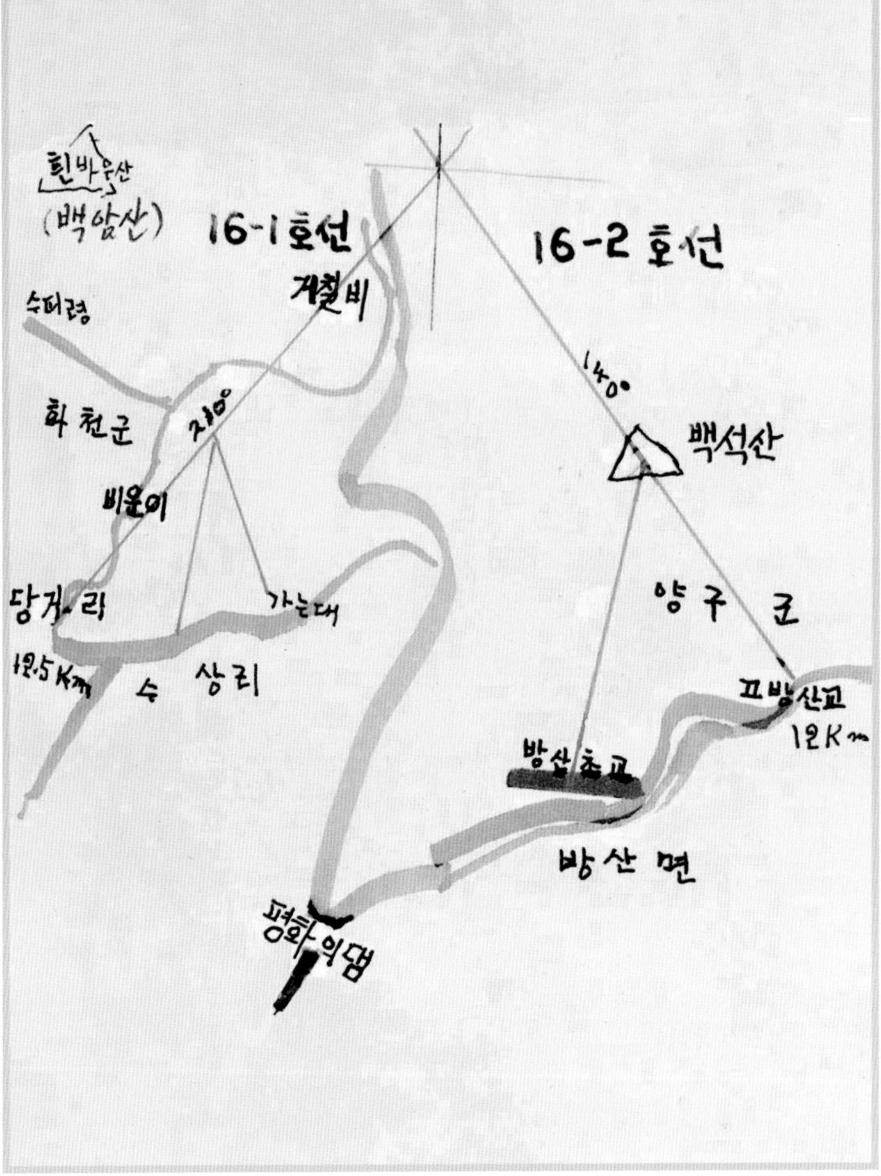

흰바우산
(백암산)

16-1호선

계철비

16-2호선

수피령

140°

백석산

화천군   210°

비운이

당거리   가는대

18.5Km   수상리

양구군

꼬방산교
12Km

방산초교

방산면

평화의댐

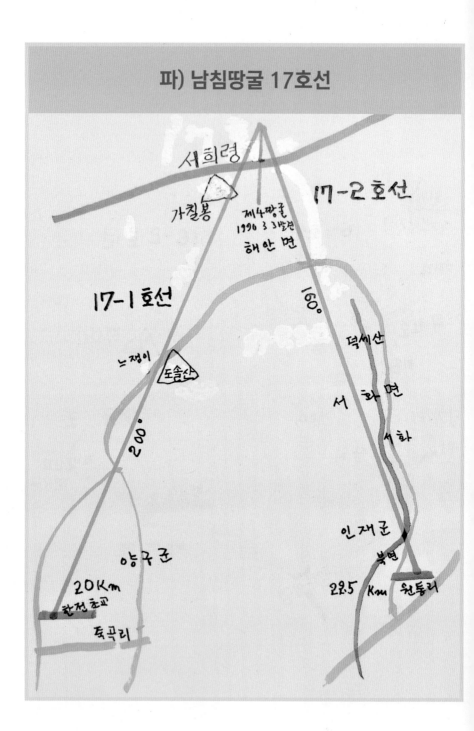

파) 남침땅굴 17호선

서희령

가칠봉

제4땅굴
1990 3 3발견

해안 면

17-2호선

17-1호선

160°

덕세산

느정이

도솔산

서   화   면

서화

200°

인재군

북면

양구군

20Km

한전초교

22.5 Km   원통리

독곡리

양구군 해안면 전쟁기념관 광장으로 남침땅굴 17-2호선(160°)이 옴. 광장 우편에 특산품 전시장을 제4땅굴 방문객이 이용한다 /2007.10.5

원통 버스터미널 우측 원통중고교를 지나서 도로변에 (다목적) 공간 3개를 내고 그 중 하개만 길게 북천변으로 갔다 / 2007.10.5

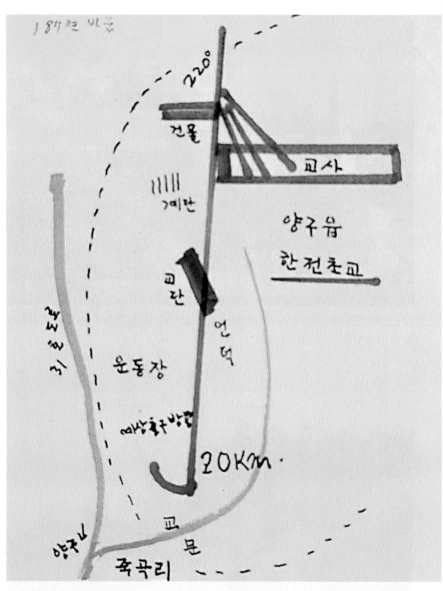

한전초등학교 내 땅굴도 / 2007.10.15

한전초교 좌측에 200°로 온 땅굴이 (다목적) 공간 3개를 교사 쪽으로 내놓고 그 출구가 길게 운동장 교단으로 와서 운동장의 놀이터 좌측으로 구부려 놓았다.

부록

1. 외국에서 석유 및 가스 탐사 경험
   제1절 브루나이 및 필리핀에서 탐사
   제2절 남미 에콰도르에서 탐사
   제3절 미국에서 탐사

2. 국내 석유 및 가스 반응 지역
   제1절 서해 및 제주도−전남 해안 유전 반응
   제2절 동남해안 및 동해 유전/가스전 반응

3. 국내외의 금광 반응 지역

4. 땅굴 관련 양심선언서, 진정서 및 민원답신

1. 외국에서 석유 및 가스 탐사 경험

제1절 브루나이 및 필리핀에서 탐사

1) 해외에서 유전 탐사를 하게 된 계기

1984년 7월 태평양의 섬인 파푸아 뉴기니아를 방문한 목적은 지하수 탐사였는데 그곳을 오가면서 필리핀과 브루나이를 방문할 수 있었다. 8월 말 필리핀에 와서 교포들로부터 필리핀의 남쪽 섬 팔라완에서 석유가 생산되며 몇 년째 시추를 계속하고 있다는 얘기를 들었다. 그래서 그곳에 가서 석유맥의 반응을 봤다. 과거 경남 진주와 사천 곤양 지역에 석유와 가스반응이 있어 지질학자가 탐지해서 시추했으나 실패했는데, 저자의 탐사로는 시추 지점이 조금 비껴나 있었다.

교포 신자들과 정담을 나누던 중, 필리핀에 석유가 난다면 한국에도 이득이 될 것이라고들 하면서, 그곳에서 가까운 곳에도 시추한 곳이 있으니 한 번 가보자고 했다. 엄 회장이 필리핀 동력자원부에 연락하자 직원들이 아침 일찍 지프차로 저자와 엄회장을 태우고 필리핀 북쪽 바기오 지방으로 달렸다. 마침내 태풍과 폭우로 범람한 강을 겨우 건너서 찾아간 곳이 구야포 지방이었다. 이곳은 중국팀이 와서 3,000m 시추한 결과 가스반응은 있으나 경제성이 없어 아직 확공擴孔하지 않고 있었다.

저자가 탐사했더니 그 맥에서 벗어났기 때문에 결과가 좋지 않았던 것이다. 너무 먼 길이고 장마로 범람한 물길을 지나는 곳이 많아서, 하루 여행으로 세밀히 탐사하지는 못했으나, 동행한 동자부 직원이 현대식 탐사

장비를 사용치 않고 심령막대(다우징)로 쉽게 탐사하는 것을 보는 기회가 되었다. 밤 늦게 마닐라의 마끼띠에 도착하니 저자의 탐사 능력을 전해들은 필리핀 동자부 직원들은 깜짝 놀라며 훌륭한 탐사 방법이라 했다.

파푸아 뉴기니아 방문 / 1984년 7월   브루나이 세리아 유전에서 / 1984.8.31

2) 산유국 브루나이에서 탐사

1984년 8월 30일 필리핀에서 출발하여 브루나이에 갔는데, 이 여행은 산유국의 석유 생산현장에서 석유반응과 탐사기술을 테스트하기 위함이었다. 브루나이는 인구 20만에 제주도 면적의 2배 정도인 작은 나라이지만, 석유와 천연가스가 생산되면서 부유하게 되었다. 외국인의 방문을 극히 제한하고 있어서, 필리핀과 브루나이의 한국대사관이 서로 연락하여 대사의 가족방문이라는 핑계로 겨우 방문할 수 있었다. 석유와 가스 생산현장에서 저자의 탐사기술을 테스트하는 것은 한국에서 활용하기 위함이다. 사실 한국에서도 석유와 가스 반응이 여러 곳 있었기 때문에 향후 그곳에서 비교 탐사하고 싶었다. 필리핀을 출발하면서 여객기에서 심령막대를 손에 들고 반응을 보면서 여행일지에 적었다. 쾌청한 날씨에 여객기는 팔라완 섬을 왼편으로 두고 나르고 있었는데, 석유 반응은 여객기 내에서도 탐지되어 그 분포지역이 훤히 보이는 듯해서 반응이 있는 섬과 바다를 일지에 그리면서 브루나이로 날아갔다.

브루나이 수도 중심가 소재 무아라 우타마 호텔에서 1박 하고 8월 31일 오전 10시에 최 대사와 약속대로 유전지역인 세리아(Seria)로 출발했다. 우측으로 해안을 따라 남서쪽으로 달리면서 차 위에서 석유반응이 있는지 탐사해서 일지에 기록했다. 이 나라의 동쪽 끝에서 서쪽 끝까지 가는 여행이지만 몇 시간 걸리지 않았다. 도중에 루무트(Lumut)라는 해수욕장 근처에서 몇 km 계속해서 석유반응이 나타났다.

확인하고 싶었던 유전지역에선 수십 대의 기계들이 있었는데, 큰 것과 작은 것 움직이는 것과 서있는 것도 있었다. 해안에 댐을 낮게 쌓아 육지에서 석유를 퍼올리고 있는 오일 필드에는 감시자가 없어 자유롭게 돌아다니면서 탐사할 수 있었다. 탐사한 결과, 석유반응 폭이 큰 곳의 큰 기계는 계속 돌고 있고, 반응 폭이 작은 곳에는 작은 기계가 움직이고 있었다. 어떤 작은 기계는 서 있었는데, 그런 곳은 반응이 작거나 또는 반응 지점의 변두리에 천공한 것임을 탐지할 수 있었다. 또 어떤 곳에는 천공하고는 폐공했는데, 그런 곳은 틀림없이 반응이 없는 곳에 잘못 천공한 경우였다. 저자는 이와 같은 반응으로 지하 2,000m에서 4,000m에 매장된 석유의 맥을 눈으로 보듯이 훤히 알 수 있었는데, 매장된 석유맥의 방향은 북동 30° 남서 210°였다.

9월 1일 교포 청년 10여 명과 쾌속정을 타고 이 나라 수도에 가까운 항구 코따 바뚜(Kota Batu)를 출발해서 북동쪽 해변을 따라 무아라(Muara) 해수욕장으로 가면서 석유반응을 탐지했더니 반응이 있다가 없다가 했다. 이곳에도 틀림없이 유전 반응이 있는데 왜 아직까지 개발하지 않았을까? 무아라 해수욕장의 원숭이 섬이라는 곳에서 한나절 석유탐사를 했더니 이곳의 석유맥도 북동 30° 남서 210°였다. 저자의 석유탐사 기술이 공인되면 이 나라의 미개발 유전을 개발해 줄 수 있을 것이다. 한편 한국에도 이와 같은 석유반응이 많이 있으니 장차 산유국이 될 것임을 확신했다.

3) 필리핀 석유공사에서 탐사 요청

1984년 9월 4일 브루나이에서 유전탐사를 마치고 필리핀에 돌아왔더니, 며칠 전 필리핀의 동자부 직원과 함께 탐사한 결과를 보고받은 동자부 산하 반관반민 극동석유회사(Oriental Petrol Oil Co.)의 회장과 석유탐사 총 책임자 에드갈도 디죤(Edgardo M. Dijon, 지질학 박사)가 저자를 기다리고 있었다. 그들은 자신들이 이미 탐사해서 시추한 유전 지역을 한 번 세밀히 탐사해 주기를 요청했다.

9월 5일 아침 일찍 마닐라를 출발해서 북쪽 바기오로 가는 국도를 달려서 타르락(Tarlac)이라는 곳에서 우측으로 넓게 펼친 평원을 지나면서 차 안에서 계속 심령막대로 탐사하고 옆에 앉은 엄 회장은 일지에 그 반응을 표시했다. 곁에서 보고 있던 에드갈도 박사는 자신이 탐사한 지역과 비교하면서 영어로 의견을 교환했다. 그는 처음에는 조용히 지켜보더니 점차 흥분되어 차를 여기저기 세우면서 반응을 세밀히 봐달라 했다. 이 지역은 이미 비행기로 자장검사를 했으며 탄성파 탐지도 끝냈으므로 석유 매장의 가능성이 높은 곳으로 탐지 번호로는 빅토리아 1호 지역으로 명명되었단다.

아무런 예비지식도 없이 그가 가자는 데로 가면서 반응을 봤는데, 이곳이 현대과학적 장비로 탐사해서 100% 유전지역으로 지정한 곳을, 저자가 간단한 심령막대로 쉽게 탐지해내는 것에 놀라는 표정이었다. 넓은 초원을 거닐며 석유가 매장된 방향을 봤더니 북동 75°에서 남서 255°로 형성되어 있었다. 지하 3,000 ~ 4,000m에 기름주머니가 어느 방향으로 형성되어 있는지를 즉석에서 탐지해서 시추의 중심 지점까지 정해 주는 것을 보고는 더욱 놀랐다. 평생을 지질학자로 살아온 60세 가까운 에드갈도 박사는 신이 나서 다른 곳으로 차를 달리게 했다.

빅토리아 1호 지역에서 저자의 실력을 테스트해서 어느 정도 확신이 선 그는, 유징이 확실해서 미국 석유회사가 시추했다는 빅토리아 2호 지역인 귐바(Guimba)라는 마을로 안내했다. 이 지역에 들어서자 몇 km 구간에 계속 석유반응이 있었는데, 지프차는 때마침 장마로 물이 든 저습지 마을을 지날 때 "바로 저기 물소가 있는 곳에 시추하여 유징을 봤으나 경제성은 없었습니다"고 했다. 저자는 "글쎄 저 앞에 반응이 좋고 큰 석유맥을 두고 왜 하필 제일 작은 유징이 있는 이곳을 시추했으며, 그리고 정확히 그 중심에 시추했는지는 물 속에 들어가 탐지할 수 없어서 모르겠으나, 이 방향이니 근처에 닿은 듯하다"고 판정해 주었더니 동행한 이들이 탄복했다.

오랜 기간 탐사하여 그들 나름대로 확신한 곳에 천공 지점을 정해서 지하 3,000 ~ 4,000m를 시추했으니 그 비용은 어마어마할 것이다. 지질학 박사의 태도가 달라져서 솔직한 말로 농담을 했다. "신부님, 이제 저는 밥 벌어먹는 일 끝났습니다. 우리가 그렇게 애써서 해 놓은 일을 이렇게 쉽게 정확히 모두 알아내니 내가 이 회사에 있을 필요가 없습니다"고 했다.

점심 후엔 1984년 8월 28일 가 본, 중국회사에서 시추하여 가스 징후만 본 적이 있는 구야포 지역을 다시 가서 봐달라고 했다. 지난 번에는 장마

에드갈도 박사와 극동석유회사에서 / 1984.9.4.

가스반응이 있었고 중국회사가 시추한 구야포 지역 / 1984.8.28

로 강물이 범람하던 흐린 날씨에 잘 나타나던 가스반응이 건조하고 쾌청한 날씨에는 그 반응이 희미했다. 오늘은 고기압이라서 습도가 낮아서 반응이 희미해진 것임에 틀림없다. 가스반응은 저기압에서 제대로 나타남을 알 수 있다. 한국에서도 이와 같이 반응이 비교되는 곳이 있다. 경남 진주 주변에 석유반응이 있고, 사천의 가화천 주변에는 가스반응이 있는데 저습한 안개 낀 날씨에만 가스반응이 나타난다.

한 곳이라도 더 탐사하고 싶어하는 에드갈도 박사의 뜻에 따라 서둘러 달리니, 고속도로가 있는 동쪽으로 가는 도중에 석유반응이 크게 탐지되는 광활한 지역이 있었다. 아직 탐사도 안 된 새로운 지역이기 때문에 그는 큰 수확을 얻은 표정으로 메모했다. 조금 더 가니 그들이 4번째 탐사해 둔 곳이 있었다. 그러나 그곳에선 전혀 반응이 없었다. 그날이 고기압이라서 천연가스의 반응이 나타나지 않았는지 아니면 조금 전에 탐사한 끝 부분이라서 아니면 저자의 탐사 착오인지 단정짓지 못하고 떠났다.

필리핀에서 석유탐사를 끝내는 1984년 9월 4일 저녁 늦게 수도권의 마카티 시 소재 큰 빌딩의 동양석유회사에 도착했다. 이곳에 에드갈도 박사가 주축이 되어 막대한 예산으로 석유탐사의 모든 결과를 일목요연하게 볼 수 있는 방이 있었다. 탄성파 탐지로 그래프와 색깔로 표시된 각 지역의 결과가 온 벽을 채우고 있었다. 아무나 볼 수 없도록 가린 커튼을 걷어서 저자 혼자만 보게 하면서 세밀히 설명해 주었는데, 그날 다녀온 빅토리아 1호, 2호, 3호, 4호 지역이었다. 저자가 탐사한 가운데 석유가 가장 많이 매장된 곳이라고 했던 곳을 그는 일일이 비교해서 설명해 주었다.

에드갈도 박사는 저자가 거의 정확히 탐지했을 뿐만 아니라, 시추 지점을 결정하는 일이 막연한데 이것까지 정확히 지정해 줄 수 있으니 탄복스럽다면서, "신부님의 탐사를 하루 종일 관찰하면서 쉽게 또 천공할 지점까지 정하는 능력에 놀랐습니다. 신부님과 함께 탐사하고 시추하면 큰 성과가 있겠습니다."고 했다. 저자도 과학적인 탐사와 일치한 결과를 보고 놀라서, 이 지도와 그래프를 사진 찍어도 되나 했더니, 앞으로 서로 도울 테니 좋다고 해서 사진을 찍어 왔다.

1984년 9월 7일 극동석유회사에서 특별 요청이 왔는데, 그때까지의 석

필리핀 극동석유회사 회장과 함께 /
1984.9.10

한국과 필리핀의 석유개발협정 조인식 /
1985.6.26

유탐사 결과를 보고받은 회장이 만찬에 초대했다. 9월 10일 저녁 7시에 마카티 시에서 가장 큰 중국식당에서 10시 반까지 담화했는데, 회장은 중국계 필리핀 사람으로 80세 가까운 요내곤 씨였다. 그는 저자의 탐사 방법과 기술에 대해 계속 질문하면서 매우 신비스러워하면서, 그가 알고 있는 대만의 한 스님의 예언에 대해 이야기했다.

그때까지 필리핀에는 석유가 없는 것으로 알았는데, 10여 년 전부터 지질학자들이 탐사하기 시작하여 최초로 시추한 곳인 팔라완 섬에서 석유가 나오기 시작했다. 이 회사가 탐사하던 때인 1974년 회장이 대만을 다녀왔는데, 거기서 광흠법사廣欽法師를 만났는데, 그 스님이 "앞으로 5년 후인 용띠 해(1976년)에 당신의 나라에서 석유가 나오기 시작할 것이다"고 했단다. 그래서 탐사 총 책임자인 에드갈도 박사가 가끔 현장에 나갈 때도 스님의 예언대로 그곳에 석유가 나올 것이니 기도하라고 했으며, 천공기술자인 미국인에게도 농담으로 막대를 주면서 "무릎을 꿇어 기도하라"고 했단다.

아무 징후도 없는 생땅을 시추하는 것은 기름의 징후를 보자는 것으로 지루하고 막대한 비용이 드는 도박이기에, 미신을 믿지 않는 지질학 박사도 회장이 시키는 대로 막대를 쥐고 무릎을 꿇고 기도하기도 했다. 그러다 볕이 따가운 어느 날 10시경에 자고 있는데 "무엇이 나왔다"는 고함 소리에 가보니 석유징후가 있었다. 5,000m 깊이에서 기름을 발견했으며, 매일 1만 4천 배럴 생산하고 있는데, 당시 필리핀은 16만 배럴만 생산되면 국가 전체의 수요가 해결된다. 그 후 1985년 6월 26일에 극동석유회사 부사장이 서울에 와서 한비석유개발협정을 조인까지 했는데, 곧 이어 마르코스 대통령이 물러나면서 제대로 진척되지 못하고 말았다.

제2절 남미 에콰도르에서 석유탐사

1) 에콰도르에 두 번 머물다

1986년에는 지하수맥 탐사로 3개월 머물렀고, 1987년부터는 선교활동과 지하수개발을 위해 3년간 있었다. 이 기간에 석유 생산지역과 생산 가능 지역을 탐사할 수 있었다.

1986년 5월 30일 아침 해발 2,800m에 위치한 수도 키토에서 텍사코 석유회사의 100인승 전용기로 오리엔테(Oriente)로 가는데, 눈을 이고 있는 4,000m 이상의 안데스 산맥을 넘을 때는 비행기 날개가 산의 능선에 닿을 듯했다. 높은 산정에는 천지와 같이 파란 호수도 있었고 몇 천 미터 내려 빠진 계곡에는 푸른 숲이 울창한 적도의 나라였다. 40분 후 착륙한 곳은 라고 아그리오(Lago Agrio)인데, 에콰도르의 동북 지역으로 브라질로 흐르는 아마존 강의 최상류였다.

◀ 일년 내내 물을 길러 다니는 어린이들
- 저자의 지하수 개발로 깨끗한 물을 먹게 됨

▲ 에콰도르 남단 사막 같은 산타 엘레나 반도의 지하수 개발

열대림 평원이 수천 리 펼쳐져 있는데 남쪽으로 250km 구간에 유전이 있으므로, 비행기가 착륙하려고 순회하는데 석유반응이 심령막대에 나타났다. 착륙 후 석유회사의 사무실에서 그들의 브리핑을 들었다. 라고 아그리오 지방은 해발 296m 평야지대로 부근에서 생산되는 원유를 모아서 36인치 송유관 2개를 통해 높이가 4,064m 안데스 산맥을 넘기기 위해 세 곳에 대형 펌프를 설치하여 라 비르헨(La Virgen)으로 보낸다. 그 송유 거리가 497km인데 중간에서 20인치 관으로 줄여서 서북부 태평양 연안인 에스메랄다 항구에 보내져 선적되는데, 한국에도 수송된다는 말을 들었다. 당시 매일 35만 베럴이 송유되었는데, 계속 개발 중이니 현재는 훨씬 많을 것이다.

2) 오리엔테 유전 지역 탐사

에콰도르 제일의 유전지역인 오리엔테가 개발되기까지 오랜 기간 많은 난관이 있었다. 1923년 서구인들이 탐사하기 시작했으나 밀림지대에 길을 낼 힘도 부족했고 헬기도 없어서 중단되었고, 1939년 쉘 회사가 탐사해서 6곳을 시추했으나 아무런 성과를 보지 못했다. 1950년에도 시도했으나 결과는 없었다. 1964년부터 텍사코 회사에서 헬기로 탐사해서 1967년 3월 29일 지하 3,000m까지 천공하여 석유를 보게 되었다.

1986년 5월 30일 오후에 텍사코의 10인승 비행기에 탔는데, 동승한 독일 메스컴에서 온 4명은 계속 비디오 촬영을 하고, 저자는 계속 심령막대를 쥐고 그 반응을 일지에 기록했다. 나머지는 각 유전에 필요한 소형 기계를 날라주고 수리할 기계를 받아가는 텍사코의 기사들이었다. 낮게 나는 소형 비행기 아래는 푸른 열대림과 아마존 강이 유유히 흐르고 위에는 푸른 하늘만 보일 뿐이다.

제1 기착지 타라포아(Tarapoa)

라고 아그리오에서 30분 비행해서 타라포아 잔디 비행장에 착륙했는데, 석유저장 탱크 등의 시설이 숲 속에 보였다. 오는 동안 크고 작은 석유반응이 나타났는데, 이렇게 많은 석유맥이 있어도 개발된 것은 극히 일부인 것을 알 수 있었다. 석유맥이 여기서 동남쪽으로 뻗었으니 앞으로 얼마든지 개발될 가능성이 있어 보였다.

제2 기착지 리몬 코차(Limon Cocha)

이곳은 나포 강변의 대나무집 몇 십 호의 마을로서 최근 시추하면서 천연림에 길을 내고 있었는데, 이웃 마을은 강을 따라 카누를 타고 몇 백 리 가야 한다. 이런 곳에서 18년간 선교하다가 과야킬로 나온 한 신부님과 일주일 지내면서 들은 바로는, 식량으로는 원숭이나 뱀과 개구리를 잡아 먹고, 이웃 공소에 전교를 가려면 카누를 타고 일주일 가야 마을이 있다. 이런 곳에서만 선교하는 수도회 회원들이 강을 따라 지역을 맡아서 380년째 전교하고 있다는데, 살아 있는 구세주가 오늘도 살고 있는 셈이다.

제3 기착지 코-카

이곳은 군청 소재지로 지도에 표시되어 있고 제법 교량도 있었다. 꽤 큰 마을이지만 대나무집만 보일 뿐 농토는 보이지 않는 자연 그대로 사는 곳이었다. 여기 오는 동안 유전맥이 있는 곳도 있고 없는 곳도 있었는데, 세밀히 탐사하면 얼마든지 석유를 개발할 수 있어 보였다.

제4 기착지 사차(Sacha)

이곳에는 여기저기 기름과 함께 나온 가스를 태우는 불꽃이 천연림 속에서 타오르고 있었다. 기름 탱크도 큼직큼직했으나, 소형 비행기로 돌아본 유전 지역은 70km²에 불과했다. 이곳의 석유맥은 10°에서 190°의 방향이나 20°에서 200°의 방향으로 어느 정도 간격을 두고 군데군데 있는데, 없는 곳은 전혀 없었다.

지구가 남북을 지축으로 자전하는데 지표에 번창했던 생물이 지각의 변동으로 뒤집힐 때 이 지역은 대개 암반의 균열이 남북으로 생기면서 유전의 맥도 남북으로 형성된 것으로 보인다. 기름 주머니가 반드시 남북으로만 형성된다는 말은 아니지만 저자의 경험으로는 유전맥이 대개 남북으로 뻗었다.

3) 제2 산유지역 산타 엘레나 지역 탐사

에콰도르의 서남쪽 끝 산타 엘레나 반도는 과야킬에 가깝다. 1919년 영국 기술자들이 지질학적 탐사로 앙콩(Ancon)이라는 마을에서 유징이 나타나서 계속 탐사한 결과, 1925년에 광구가 설정되었고 1976년에야 생산에 성공했으나 그 양은 미미했다. 1976년까지 50년간 692공을 천공해서 매일 2천 배럴 남짓 생산했던 것이다.

저자의 탐사 결과는 이 지역의 석유맥은 매우 작은 것으로 아직 미개척 지역으로 산타 엘레나 해변과 팔말(Palmal)과 아양게(Ayangne) 지역을 지나서 서북쪽으로 뻗었다. 이곳은 맥상으로도 작지만 지하 1,000m 내외에서 소량의 석유가 생산되는 맥들이다. 1년 내내 거의 비가 없는 사막 같은 이

| 산타 엘레나 지역의 소규모 유전 | 실패한 시추 지점에 텍사코가 세운 쇠기둥 |

곳에서는 수맥을 탐지해서 천공하면 기름냄새가 나서 마실 수 없다.

4) 제3 유전 가능 지역 탐사

1989년 8월 21일에는 에콰도르의 세 번째 유전 가능 지역인 포르토 비에호(Porto Viego)도에 속하는 초네(Chone)라는 군청 소재지를 탐사했다. 텍사코가 시추한다는 소식은 들었으나 현지 탐사를 못 하여, 이날 오후에 현지에 도착해서 계속 심령막대를 들고 있었으나 반응이 없었다. 그렇게 깜깜하던 반응이 토스아과(Tosagua)군에 이르렀을 때 나타나기 시작하니 흥분되었다. "자연은 거짓이 없으며 현대과학은 어느 정도 석유가 있는 근처까지는 정확히 탐사된다"는 느낌이 들었다.

버스길을 따라 크고 작은 반응이 있다가 없어지는 것을 차 안에서 지도 위에 기록하면서 초네에 도착했다. 급히 점심을 먹고 희귀한 택시를 타고 석유시추를 했다는 곳을 찾아갔다. 반 시간쯤 달려서 산 위로 걸어서 현지에 도착했더니, 폐공을 하고 세워 둔 큰 쇠 기둥에는 다음과 같은 글을 새겨 놓았다.

"텍사코 회사가 시추한 6번째 불록의 초네1번공으로 1988년 8월 8일에 시추하여 10월 22일 끝내고 10월 25일 폐공 했음. 총 깊이는 11,800피트(3,400m)이며 이 지점은 해발 358피트, 북위 9917. 774. 14 동경 601. 126. 14임"

탐사한 결과 텍사코가 시추한 지점이 제법 벗어난 게 분명했다. 석유맥은 35°에서 225° 방향인데 넓게 터를 닦은 산 중턱 운동장 같은 곳에 석유맥 4개가 있는데, 그 4개 맥 중에 하나도 중심에 천공하지 못했다. 좌우에 유전맥이 있는데 정확히 그 맥을 좌측 4.5m, 우측 4.8m가 벗어난 지점에 천공했으니 실패할 수밖에 없었을 것이다. 이것은 유전 지역에 갈 때마다 있었던 실례로, 브루나이에서도, 에콰도르의 오리엔테, 산타 엘레나, 미국의 L.A. 지역에서도 있었다.

이렇게 시추 지점을 정확히 못 찾아서 3,400m를 시추했으니 그 손해가 얼마나 크겠는가? 3~4km 시추해서 유징을 봤으나, 확공해서 생산에 성공하는 확률은 100공 중에 2~3공이라 한다(石油地質學槪論 日本東海大學出版會 1990년 65p). 3~4km 시추에 10만불이 소요되며, 그 시추공을 확공하여 생산까지는 몇 백만 불이 들 것인가? 이곳의 석유맥도 대개 남북 방향이며, 이 지역의 다른 두 시추 지점은 산 안드레아(San Andrea) 마을의 오른쪽과 왼쪽 지점이다. 날은 저물어 저자가 사목하는 다울레 지방에 돌아가기가 급해서 대충 탐사했으나, 이 지역의 석유맥은 오리엔테 지역에 비교할 수 없을 정도로 작으나, 산타 엘레나 지역보다는 월등히 커서 장래 이름 있는 유전지역이 될 것이다.

5) 제4 유전 가능 지역 탐사

이곳은 아직 어떤 지질학자도 탐사하지 않은 곳으로 저자가 탐사해서 처음 발표하지만, 최근 에콰도르 정부가 초보 장비를 동원하여 두어 곳 저자의 뒤를 따라서 탐사하기도 했다. 가끔 자장검사를 한다고 헬기를 날리기도 하지만, 그들은 저자가 3년간 탐사한 곳을 다 알아내는 것은 요원할 것이다. 지명을 열거하면, 뻬드로 까르보(Pedro Carbo), 다울레(Daule), 산타 루치아(Santa Lucia), 살리트레(Salitre) 지역 등인데 모두 군청소재지가 있다. 4개 군 지역 내에 유전이 분포한 지역을 탐사장비로 찾으려면 너무 광범위하고 망망하다. 그러나 심령막대로 찾으면 매우 간단히 찾을 수 있다.

제3절 미국에서 석유탐사

1) 로스엔젤레스에서 4개 지역을 탐사

1988년 5월 9일 에콰도르를 떠나 마이애미를 경유 L.A.에 도착했다. 10여 년 알고 지내던 노령의 장로님이 L.A. 주변에 여러 석유 생산지가 있는데, 한번 와서 유전 가능 지역이 있는지도 알아보고 싶다고 했기 때문이다. 5월 10일 아침 L.A. 시가지를 서북쪽으로 벗어나서 나직한 산이 있는 곳으로 안내했다. 심령막대를 쥐고 있었으나 석유반응이 내내 없다가, 산모퉁이를 돌 때부터 나타나기 시작했는데 아담스(Adams)라는 지역이었다.

아담스 유전에서

 분지 같은 산골짜기에 석유를 퍼내는 크고 작은 기계들이 20여 대나 있었다. 그 중에는 작동 중인 것과 정지한 것이 있는가 하면, 몇 년이나 방치되었는지 녹슬은 것도 있었다. 또한 시추했다 폐공한 즉, 실패한 시추도 여럿 보였다. 이런 곳에서 저자는 석유맥이 큰 곳과 작은 곳을 즉시 탐사할 수 있기 때문에, 기계의 크고 작은 이유와, 작동 중인 것과 정지 또는 폐공시킨 이유를 훤히 읽을 수 있었다.

 석유탐사 기술로는 세계정상인 미국의 유전 지대에서 그들의 탐사와 저자의 라디에스테지(다우징, 심령막대) 탐사 결과를 정확도, 경비 및 시간절감 측면에서 쉽게 비교할 수 있었다. 저자를 초청한 장로님과 운전해 온 청년은 땅밑을 훤히 보듯이 설명하는 저자에 대해 신기한 표정이었다. 석유가 매장되어 있는 300°에서 120° 방향으로 지도에 선을 그으니 산타모니카 (Santa Monica)와 산타아나(Santa Ana) 그리고 동남쪽 셀톤시(Salton Sea)가 있는 방향이었다.

다음은 아담스 지역을 떠나 두 번째 유전 지역으로 안내했다. 서북쪽으로 산을 넘어 좁은 산골짜기로 갔는데, 시추를 여러 곳 했으나 결국 실패하고 어수선한 흔적만 남아 있었다. 역시 이곳엔 석유반응이 있기는 하나 매우 작은 것을 알 수 있었다. 왜 이런 곳에 시추해서 막대한 비용을 낭비했을까? 석유맥이 없는 곳에도 시추했고, 맥이 있는데도 그 중심이 아닌 엉뚱한 지점에 시추한 것을 알 수 있었다.

이런 판단을 즉석에서 하는 것을 본 장로님은 서서히 저자의 기술을 믿기 시작해서, 세 번째 유전지역으로 가자고 했다. 멀리 달려서 가니 큰 산이 양편에 버티고 있는 하천가의 좁은 지역에 석유생산 기계가 여러 대 설치되어 있고, 맞은 편 산비탈에선 시추기로 천공하고 있었다. 물론 맥을 정확히 잡아서 천공한 곳도 있고 그렇지 않은 곳도 있었다.

1988년 5월 11일 아침 일찍 4번째 탐사 지역인 L.A. 남쪽 태평양 연안을 탐사하러 갔다. 석유를 퍼 올리는 기계가 있는 이 곳은 원래 바닷가의 저습지인데 민가의 골목에도 기계가 작동하고 있었다. 석유맥은 역시 300°에서 120° 방향이므로 동남쪽으로 가면 멕시코 땅인 캘리포니아 걸프 해협인데 멕시코에도 이 방향으로 다량의 석유맥이 있을 것이다.

다음에는 그날 마지막 탐사 지역 L.A. 국제공항 부근으로 안내했는데, 이곳에도 석유반응이 있었고 시추기계가 계속 돌고 있었다. 이왕이면 다음 시추할 지점을 가르쳐 주고 싶었으나 그들이 나의 탐사기술을 믿을까? 서쪽 태평양으로 기우는 석양을 보며 우리나라에는 언제쯤 유전이 발견되어 밝고 여유로운 나라가 되는지 안타깝기만 했다.

2) L.A.와 라스베가스 사이의 유전반응

1988년 5월 12일(목) 주말이 다가오자 사목지인 대나무집 마을이 눈에 어른거려 빨리 에콰도르에 돌아갈 생각인데, 장로님은 라스베가스를 보여 줄 겸 그곳으로 가는 지역이 사막이니 틀림없이 석유가 매장되어 있지 않을까 했다. 미국의 지명은 대개 성경에서 따왔는데, 라스베가스 부근의 유타주는 12사도 중 유다에서 유래했다. 장로님은 유다를 한자로 기름이 많다는 유다油多로 상상하고는 "라스베가스는 사막인데 대규모 도박장을 만들어 많은 사람이 살고 있지만, 아마 하느님이 그런 메마른 곳에 석유를 있게 했을 지도 모릅니다. 세계적으로 불모지대에 유전이 많죠"라고 했다.

아침 일찍 출발해서 따가운 햇볕을 받으면서 몇 시간을 달려도 사막만 계속되었다. 그렇게 멀고 먼 거리에 석유반응은 두어 곳, 그것도 매우 작은 맥이었다. 유타주 근처까지 갔으나 석유반응은 없었다. 자연은 인간의 상상으로 석유가 있고 없는 게 아니라 한치의 거짓도 없이 그 반응을 보이고 있었다.

3) 뉴욕에서 애틀란타까지 유전탐사

1996년 10월 18일(금)부터 이틀에 걸쳐서 미국의 동부해안 뉴욕에서 애틀란타까지 150km를 탐사했다. 고속도로 102번에서 100번 지역 구간, 98번에서 94번 지역 구간, 88번 지역, 그리고 75번 지역, 56번에서 51번 지역 구간과 48번 지역에 큰 석유맥이 있었다. 특히 48번 지역 강 근처에는 지나가는 차 안에서도 유황 냄새가 스며들 정도로 심했는데, 이 지역은 유황 성분이 많은 석유가 대량으로 매장된 것으로 보인다.

1996년 10월 27일(일) 뉴욕에서 중남부인 달라스로 날아가서 다시 서북부의 캐나다의 밴쿠버로 날아갔다. 이렇게 여행하면서 비행기 안에서 심령막대로 탐사한 결과 석유반응들이 나타났다. 미국의 동부와 달라스 사이 여러 곳에 큰 유전이 있음을 알 수 있었다. 그러나 달라스에서 밴쿠버 가는 비행구간에는 별로 석유반응이 없었다. 미국 동부지역의 석유맥은 330°에서 150° 방향과 310°에서 130° 방향으로 형성되어 있었다.

2. 국내 석유 및 가스 반응 지역

한국이 장래 산유국이 될 것이라고 하면 많은 사람들이 이상하게 생각하겠지만 저자의 확신에는 변함이 없다. 한국에서 최초로 석유가 생산될 가능성이 있다던 포항은 저자의 탐사방법에 의하면 유전지역이 아닌 것으로 보인다. 물론 광범위하게 탐사하지 못해서 단정하기엔 좀 무리지만, 적어도 과거 시추한 지역에는 석유가 거의 없고 가스 반응만 있는 것으로 보인다. 가스 반응도 과거 시추한 곳보다는 포항, 강구, 안강 사이의 지역이 될 것이나 경제성은 없어 보인다.

제1절 서해 및 제주도-전남 해안 유전 반응

1) 제주도-전남 해안 유전 반응

과거 막대한 개발비를 투입한 제주도 남쪽 지역에 유전이 있는 것으로 보인다. 직접 그 해역을 방문하지 않았으니 그들이 정확한 지점에 시추했는지는 알 수 없으나, 저자가 여행 중 탐사한 결과로는 확실히 그 석유맥이 제주도 남쪽으로 이어져 있음을 알 수 있었다.

비행기로 부산에서 제주도를 오가면서 탐사한 바에 의하면, 제주도 동편 해안에 석유맥이 있다. 1986년 초부터 한 해 3번 제주도를 오가면서 탐사한 결과 틀림없이 유전반응이 있는 곳이 있었다. 좀 더 정확한 지역을 알기 위해서는 헬기로 탐사해야 하며 그 지점까지 알아내려면 배를 이용해서 해양지도에 표시해야 할 것이다.

그 반응 폭과 크기를 고려하면 석유 매장량도 대단할 것으로 보이는데 제주도에서 완도와 고흥반도 사이로 지나가는 지역이다. 제주도 동북방에도 반응이 있는데 거문도와 초도군도 서쪽 구간이며, 서쪽으로는 제주도와 추자도 사이와 해남반도의 구간이다. 이런 지역의 석유맥이 제주도 남쪽의 어느 시추 지점으로 연결되어 있는지는 현지에 가면 판정될 것으로 본다.

2001.9.18 탐사 유전 반응 크기

거문도 → 초도 → 외나로도항 → 나로도 교량 → 등대 → 돌산교 → 여수항

거문도 본항: 5×10 3×10 2×12 1×15 5×11

　　　　제2항: 3×4

송죽도: 2×10 1×6 1×8 1×19 1×10 1×15 1×9 1×12

초도에서 정북으로 가는 도중: 6×19 1×37

송죽도: 3×44

동쪽10°로 항해: 1×40 5×21 7×21 5×11 1×30 1×31 7×11

외나로도항: 8×10 (34° 27' 58.5", 127° 26' 53.1")

나로도 교량 밑: (34° 28' 03.9", 127° 29' 31.5") 7×10 6×5 7×8 1×19

　　　　　　(34° 29' 39.1", 127° 31' 12.2") 3×10

　　　　　　(34° 29' 35.7", 127° 33' 45.7") 1×19 1×24

　　　　　　1×10 3×8 1×16 1×24 5×5 1×10

좌측 산 보이는 등대: 1×17 4×7 1×10 1×13

여수 보이는 곳: 1×20 4×10 5×5

♣ 유전반응(A × B: 1 × 24 2 × 12 3 × 10 4 × 10 5 × 11 6 × 5 7 × 8 …)

A: 유전의 매장물에 따른 저자 고유의 숫자(1~10)로 클수록 중질유에서 천연가스로 변함.

B: 유전의 석유 및 가스의 매장량을 나타내는 저자 고유의 숫자로 클수록 매장량이 많음.

2) 군산과 선유도 사이의 유전반응

2001.9.18 탐사 유전반응 크기

(35° 58' 51.3", 126° 38' 18.5") 3 × 8 3 × 10 3 × 19 3 × 7 3 × 11

(군산외항 방파제 끝)

(35° 58' 41.0", 126° 33' 50.2") 3 × 13 1 × 15 1 × 9 1 × 24 1 × 6

(35° 57' 09.8", 126° 32' 04.1") 1 × 40 1 × 26 1 × 17

(35° 57' 47.5", 126° 28' 14.4") 1 × 20 1 × 23 1 × 5

(35° 57' 28.0", 126° 29' 49.0") 1 × 108 1 × 30 1 × 12 1 × 43 1 × 13 1 × 25

(35° 52' 16.1", 126° 29' 01.0") 1 × 78 1 × 91 1 × 86 1 × 32

(35° 55' 37.6", 126° 29' 31.6") 1 × 21 1 × 30 1 × 228 1 × 15 1 × 40 1 × 36

(35° 50' 33.7", 126° 29' 13.3") 1 × 15 1 × 32

(35° 50' 36.6", 126° 28' 25.0") 1 × 38 1 × 30 1 × 21 1 × 7 1 × 21 1 × 13

(35° 49' 59.6", 126° 26' 29.0") 1 × 19 1 × 12 1 × 11 1 × 20 1 × 25

(35° 57' 51.2", 126° 27' 00.9") 1 × 19 1 × 30 1 × 71 1 × 22

(신시도 선착장 40° 방향)

(35° 48' 24.0", 126° 25' 06.4") 1 × 5 1 × 7 1 × 15

(무녀도-선유도 연결 교량 밑 40° 방향)

3) 목포와 흑산도 사이의 유전반응

목포와 흑산도 사이에도 4~5곳에 큰 석유맥이 있는 것 같다. 목포 앞바다로 나가면 멀지 않은 곳에도 석유반응이 있었다. 흑산도에 지하수를 탐사하러 목포에서 쾌속정으로 몇 번 오가면서 유전반응을 보았기 때문에 비행기에서 석유반응을 보기보다 좀 더 정확한 구간을 알 수 있었다.

목포에서 압해도 가는 바다의 유전반응은, 1978년의 심한 가뭄 때 압해도에 수맥을 탐사하러 갔을 때 확인했다. 압해도는 앞으로 식수도 충분히 해결되고, 검은 보물인 석유도 생산될 것으로 본다. 흑산도 가는 도중 달리도 도처와 암태도 사이에도 여러 개의 유전반응이 있었다. 그러나 그보다 더욱 큰 맥으로 보이는 것은 흑산도에 이르기 전 칠발도 주변에 나타난 두 개의 유전반응이었다.

2001.9.25 탐사 유전반응 크기

무안반도 신안 앞바다: 3×9 3×6 3×9 3×15

청리도: 3×8

용도: 3×4 5×8 4×6 4×17 4×13 4×14 4×7(교량) 2×22 1×27

암태도: 1×11 1×50 2×17 1×109 1×23 1×66 1×157(비금도 도착)

비금도 지나서 교량: 1×340 1×95 1×17

석황도: 2×14 3×24 5×10 1×27 2×6 1×10 1×45 1×85 1×43
        1×32 1×55 1×45

4) 불가능해 보이던 섬에서 기적의 지하수

인천항을 떠나 덕적도, 자월도, 소이작도, 대이작도 그리고 승봉도와 대부도 등을 다니면서 식수 문제를 해결해 주었다. 이 지역의 지하수 탐사는 1985.6.4, 1986.2.18, 10.14 총 3번 실시했다.

인천에서 덕적도 가는 배는 매일 있으나 그 외의 승봉도나 소이작도와 대이작도 등은 교통이 매우 불편하여, 일부러 배를 세내어 두 시간을 운항해야 갈 수 있었다. 동일한 해역의 섬들을 세 번이나 탐사한 데는 특별히 소개할 만한 사연이 있다.

높이 100m 내외의 나지막한 산만 있고 저수지나 하천이 없는 이들 작은 섬에는 비가 와도 물이 고여 있을 수 없어서 가뭄이 계속되면 마실 물도 없는 마을이 많았다. 어떤 섬에선 넓은 개펄을 천수답으로 일군 곳도 있었고, 또 청정해수에서 김 생산이 가능하지만 담수가 없어서 상품이 되지 못했다. 옹진군에서도 이 섬들에 식수문제를 해결하려고 많이 애쓴 적이 있으나, 시추를 해도 몇 십 톤의 물을 못 구해서 버려진 곳이었다. 그런데 인천의 연안부두 성당에서 사목하던 전미카엘 신부(미국인 메리놀회)가 서해안의 여러 섬들을 다니면서 공소를 세우며 주민들의 어려움을 걱정해 주던 중, 이곳을 살릴 길은 식수문제의 해결이라는 것을 알고서 저자를 부르게 된 것이다.

처음 방문했을 때 마을마다 주민들이 인천이나 서울로 많이 떠났다는 말을 듣고, 저자는 "만일 이들 섬에 기적같이 충분한 지하수가 나온다면, 서울서 해수욕 오는 손님이 많아질 것이며 농사와 무공해 김 생산을 해서 잘 사는 섬이 될 것입니다"고 예언하듯 말했다. 그리고 반신반의하는 주민들을 데리고 다니면서 저자의 수맥탐사를 돕게 했다.

저자가 1985년 6월 4일 탐지한 승봉도의 수맥을 천공해서 10월 7일 크게 성공했다는 보고가 왔다. 망망대해 서해의 작은 섬, 흰 모래가 잘 깔려 있고 솔숲이 우거진 해수욕장이 가능한 곳에서, 매일 450톤의 단물이 그것도 바로 해안 언저리에서 쏟아지는 기적이 일어난 것이다. 첫 시추가 대성공하자 전미카엘 신부님은 외국원조를 얻어 와서 저자가 탐지한 여러 섬들에서 계속 천공해서 생명수를 얻는 데 크게 공헌했다.

승봉도 선착장 근처에서는 매일 100톤의 물을 얻었고, 이 섬에서 유일하게 논들이 있는 부도치 지역에서는 매일 220톤의 물을 얻는 데 성공했다. 또 소이작도의 두 곳에서도 매일 150톤의 물을 얻었다.

그 후 저자가 1987년 남미 에콰도르에 선교를 갔다가 1989년 말에 돌아왔더니 전미카엘 신부님은 타개하고 안 계셨다. 머나먼 이국 땅에 와서 수십 년을 선교하면서 외딴섬 메마른 곳에서 식수문제를 해결하려고 그렇게 애쓰시더니 끝내 한국 땅에 묻히셨다. 바로 이분과 함께 여러 섬들을 다니면서 유전반응을 보게 된 것이다.

인천광역시 옹진군 대부도에서 고 전미카엘 신부, 주민들과 함께(1986.10.15)

5) 인천과 승봉도 사이의 유전반응

인천항을 떠난 배 갑판에서 저자는 지하수맥 반응을 보기 위해 심령막대를 쥐고 주위 경치를 보는 동시에 전미카엘 신부와 대화하면서 가는데 의외의 유전반응이 나타났다. 배는 12노트로 달리는데 팔미도에 가까웠을 때 큰 유전반응이 나타났다. 그 후 대무의도 앞에서 또 유전반응이 나타나서 저자는 점점 흥분했다. 그 다음 해역으로는 초치군도 앞바다에서와 소초치도 근처에서 큰 유전반응이 있었다.

전미카엘 신부에게 이곳에 유전반응이 있다고 했더니, 그는 "그것은 확실합니다"고 하면서, 인천교구에서 오랫동안 사목하면서 들은 이야기를 했다. 10여 년 전에 미국의 석유 대기업 모빌 및 텍사코가 이곳에 와서 유전탐사를 한 결과 미국 기술자들이 소치도 부근에서 시추하자고 했다. 그래서 한국과 미국 회사가 각각 그 비용의 반을 내기로 하고 시추하려 했으나, 당시에는 한국이 너무 가난해서 그 반액조차 내지 못해서 시추하지 못했다는 얘기를 들려 주었다.

이것이 어떻게 우연의 일치겠는가? 저자는 물이 없는 섬에 가면서 육지에서 바다 밑으로 흐르는 수맥이나 온천수맥이 있을까 해서 계속 심령막대를 들고 있다가 뜻밖에 나타난 유전반응을 전미카엘 신부에게 알렸을 뿐인데, 이미 지질학자들도 이곳을 유전 가능 지역으로 확정했었다는 사실을 듣게 된 것이다.

앞으로 서해 전역을 탐사한다면 얼마나 많은 유전이 분포해 있는지 확인할 수 있을 것이다. 저자는 여러 지역에 광활한 유전맥이 있다고 믿으므로, 장래 한반도 서해와 남해와 제주도 주변 해역을 낱낱이 탐사한다면 한국도 산유국에 들게 될 날이 올 것으로 확신한다.

제2절 동남해안 및 동해 유전/가스전 반응

1) 동남해안에서 가스전 징후 및 반응

*지하에 천연가스가 존재하는 경우 기화에 의해 시추 때 얼음 조각 또는 퇴적토나 자갈이 나옴

1. 2001.7.2 부산 북구 화명동 낙동강변 대동아파트 건축지

   지하 72m에서 조개껍질과 우박 같은 얼음이 나옴

2. 2002.3.2 마산시 합포구 구산면 반동리 (35° 14′ 23.0″, 129° 00′ 49.6″)

   얼음 조각 나옴

3. 고성군 배둔 남쪽 바닷가 지하 7~80m 얼음 조각 나옴

4. 김해시 대감마을 지하 100~120m 퇴적토 나옴

5. 포항시 성곡리 해도동 지하 120m에서 자갈이 나옴

6. 1990.4.1 마산시 진전면 면사무소 부근 지하 150m에서 얼음이 나옴

7. 포항시에서 박정희 대통령 재직시 시추한 곳

   가) 포항시 남구 대도동 (36° 01′ 14.7″, 129° 21′ 59.9″)에 1,500m 천공,
   가스와 기름 성분 나옴. 방향 20°, 반응 3 × 5, 미국 탐사팀이 정중앙
   이 아닌 지점에 시추점을 지정한 것으로 보임.

   나) 포항시 북구 죽도동 오거리 형산강변에서 지하수 시추하다 지하

가스반응이 3 × 9이나, 정중앙에서
10m 벗어난 시추로 탐사됨

40~45m에서 가스 분출해 며칠 불 탔는데, 가스 반응 3 × 3이나,

정중앙에 제 깊이를 천공하지 못한 것으로 보임.

다) 포항시 (36° 01' 27.1", 129° 21' 23.5")에서 1,500m까지 시추한 표지

8. 경주(안강) → 강구 지역 (2004.11.20 탐사)

가) 안강 쪽 (35° 58' 47", 129° 16' 17") 유전 반응 1 × 11, 1 × 15, 1 × 10

나) 강구 쪽 (36° 19' 58", 129° 22' 57")

가스전 반응 3 × 10, 3 × 11, 3 × 4, 3 × 30, 3 × 7

9. 포항 → 강구 지역 (2001.12.26 탐사)

가) 북구 죽장면 장사(35° 19' 17", 129° 22' 58.6")

가스전 반응 3 × 8, 3 × 6, 3 × 4, 3 × 3

나) 흥해 지역

(35° 08' 42", 129° 21' 05") 가스전 반응 3 × 8, 3 × 6, 3 × 5, 3 × 11

(35° 07' 29.0", 129° 20' 59.0") 가스전 반응 3 × 7, 3 × 6, 3 × 6, 3 × 4

다) 흥해 → 포항 (35° 07' 29.0", 129° 20' 59.0") 가스전 반응 3 × 8, 3 × 7

10. 포항시에서 나온 유전/가스전 반응

가) 북구 죽도파출소 부근 (2004.11.20 탐사), 140° 방향 가스전 반응

나) 북구 흥해읍 성곡리 의현 마을 가스 불 (2004.11.20, 2007.4.4. 탐사)

(36° 05' 31.5", 129° 21' 33.0")에서 가스전 반응 3 × 4, 3 × 5, 방향 100°

2004.1.9 지하수 개발하다 가스 발견. 이석진 씨 마당의 가스 불을

주민들이 2012.7.23까지도 사용하고 있음

다) 북구 흥해읍 성곡리에서 1976년부터 가스가 나와서 20여 년 불타다

가 끝남.

라) 북구 흥해읍 철도 신설 부지(2017.3.16. 탐사)

120°~130° 방향 가스전 반응 3 × 8, 3 × 8

마) 포항 남구 대잠동 사거리 근처 불의 정원(2017.3.16, 10.7 탐사)

3 × 3 가스전 반응 3개가 걸친 지점. (36° 00' 45.24", 129° 20' 26.57")

2017.3.8 지하수 개발하던 중 지하 200m에서 가스가 분출해서 계속

불타고 있음

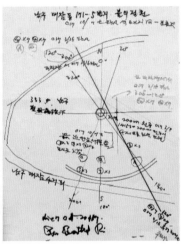

2) 포항 – 울릉도 – 독도 항로 유전 또는 가스전 반응

1. 울릉도→포항 항로에서 탐사(2001.10.15 16:00~19:00)

(37° 22' 42.7", 130° 54' 44.4") 유전/가스전 반응 1 × 38, 3 × 5, 1 × 3, 1 × 11

(37° 26' 13.3", 130° 52' 22.9") 가스전 반응 3 × 3, 3 × 5, 3 × 14

(37° 22' 09.", 130° 46' 12.0") 유전 반응 1 × 13, 1 × 13

(37° 18' 20.", 130° 44' 33.0") 1 × 15, 1 × 24

(37° 17' 10.0", 130° 42' 24.2") 1 × 30, 1 × 17

(37° 15' 50.1", 130° 41' 14.0") 1 × 34, 1 × 47

(37° 12' 10.02", 130° 38' 24.3") 1 × 29, 1 × 7

(37° 05' 20.7", 130° 25' 23.7") 1 × 22, 1 × 24, 1 × 40

(37° 00' 43.4", 130° 21' 11.0") 1 × 23, 1 × 15, 1 × 28

(36° 54' 32.4", 130° 20' 06.8") 1 × 17, 1 × 35, 1 × 30, 1 × 28, 1 × 26, 1 × 13

(36° 42' 13.6", 130° 06' 29.9")~(39' 43.0", 03' 05.9") 1 × 17, 1 × 33, 1 × 39, 1 × 35, 1 × 14

(36° 38' 39.9", 130° 02' 39.2") 1× 5, 1 × 51, 1 × 21, 1 × 7

(36° 33' 23.8", 129° 56' 30.2")~(31' 54.0", 55' 23.1") 1× 33, 1 × 20, 1 × 17, 1 × 13

(36° 30' 32.2", 129° 54' 09.9") 1 × 12, 1 × 32, 1 × 14, 1 × 20, 1 × 19, 1× 15

(36° 28' 45.2", 129° 52' 00.3") 1 × 24, 1 × 11, 1 × 26

(36° 24' 59.1", 129° 47' 06.0") 1 × 24, 1 × 11, 1 × 30

(36° 23' 50.2", 129° 41' 00.2") 1 × 9, 1 × 26, 1 × 42

(36° 14' 17.8", 129° 37' 25.3") 1 × 5, 1 × 23, 1 × 12, 1× 10

(36° 12' 24.9", 129° 36' 40.5") 1 × 19

2. 울릉도→독도 항로에서 가스전 반응(2005.2.23 14:00~15:30)

14:00 3 × 9, 3 × 3, 3 × 9, 3 × 3, 3 × 4, 3 × 3, 4 × 3

14:10 4 × 2, 4 × 4, 4 × 3, 4 × 8   14:11 5 × 5

14:14 6 × 4, 7 × 2, 3 × 3, 6 × 5   14:20 5 × 7, 11 × 5, 5 × 3, 5 × 5

14:24 5 × 6, 7 × 7, 8 × 3, 6 × 5   14:30 7 × 3, 10 × 4, 11 × 4, 4 × 6

14:36 3 × 5, 6 × 4, 5 × 5, 7 × 6   14:39 4 × 2, 12 × 4

14:40 13 × 3   14:45 4 × 7, 8 × 5, 4 × 3, 4 × 3, 11 × 4

14:49 11 × 8, 13 × 9   14:51 8 × 6, 8 × 4

14:57 9 × 7, 11 × 2, 3 × 2   14:58 9 × 8

15:00 13 × 5, 16 × 2   15:05 10 × 2, 19 × 1, 20 × 2, 20 × 3

15:07 16 × 2, 5 × 5   15:12 20 × 5   15:16 5 × 4, 7 × 5

15:17 30 × 3   (독도 가까이 보이는 곳) 30 × 4

15:30 (독도 도착) 30 × 2

* 유전반응(A×B)에서 A가 16, 20, 30은 해저의 Gas Hydrate로 보이는데, 가스 하이드레이트는 0℃, 26기압처럼 낮은 온도와 높은 압력에서 천연가스와 물이 결합돼 만들어진 고체 에너지.

3) 울산 부근 동해의 유전 반응

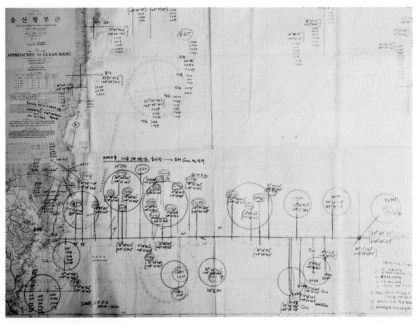

2002.10.5 09:00~12:30
울산항에서 선박으로 동쪽 500여 km의 가스전으로 가면서 탐사.

(35° 29' 46.9", 129° 22' 26.6") 3 × 8 가스전 반응

(35° 29' 51.8", 129° 22' 44.8") 3 × 11, 3 × 5

(35° 29' 49.2", 129° 22' 55.9")~(29' 46.9", 22' 59.6") 3 × 9

(35° 29' 42.0", 129° 23' 06.4") 3 × 5

(35° 29' 39.2", 129° 21' 11.15 ") 1 × 6 유전 반응

(35° 29' 36.1", 129° 21' 16.5 ")~(29' 32.8", 23' 21.4 ") 1 × 11

(35° 29' 29.0", 129° 23' 24.9 ") 1 × 5

(35° 29' 25.7", 129° 23' 30.6 ") 1 × 9

(35° 29' 21.8", 129° 23' 34.9 ") 1 × 13

(35° 29' 05.2", 129° 23' 46.3 ")~(29' 00.1", 23' 49.6 ") 3 × 7, 3 × 5 가스전 반응

(35° 28' 54.4", 129° 23' 52.9 ")~(28' 51.1", 23' 53.8 ") 3 × 10, 3 × 5

(35° 28' 51.1", 129° 23' 53.8 ") 3 × 5

(35° 28' 49.0", 129° 23' 55.0 ") 1 × 13 유전 반응

(35° 28' 35.0", 129° 24' 01.2 ")~(28' 29.0", 24' 05.6 ") 1 × 61

(35° 28' 20.0", 129° 24' 13.0 ")~(28' 13.2", 24' 18.5 ") 1 × 56 (항내)

(35° 28' 19.3", 129° 24' 23.5 ")~(28' 03.0", 24' 32.0 ") 1 × 8, 1 × 34 (등대 방파제)

(35° 27' 51.0", 129° 25' 00.1")~(27' 52.0", 25' 06.5 ") 1 × 36

(35° 27' 53.4", 129° 25' 23.8")~(28' 05.7", 26' 20.2 ") 1 × 196 (방어진 앞)

(35° 28' 10.3", 129° 26' 32.1")~(28' 14.0", 26' 52.9 ") 1 × 75

(35° 28' 29.2", 129° 27' 14.4")~(28' 32.0", 27' 22.5 ") 1 × 5 (울기등대 앞)

(35° 28' 40.8", 129° 27' 36.7 ")~(28' 44.5", 27' 42.0") 3 × 33 가스전 반응

(35° 28' 50.7", 129° 27' 57.2")~(28' 56.6", 28' 08.6 ") 1 × 37 유전 반응

(35° 28' 57.8", 129° 28' 11.3")~(29' 10.5", 28' 35.9 ") 1 × 80

(35° 29' 12.7", 129° 28' 42.0")~(29' 17.4", 28' 55.8 ") 1 × 62

(35° 29' 38.5", 129° 30' 23.9")~(29' 32.0", 30' 40.3 ") 1 × 63

(35° 29' 44.1", 129° 33' 01.3")~(29' 43.5", 33' 04.8 ") 1 × 43

(35° 29' 45.2", 129° 33' 22.6")~(29' 46.2", 33' 35.9 ") 1 × 58

(35° 29' 45.2", 129° 35' 27.3")~(29' 42.0", 33' 03.9") 1 × 164

(35° 29' 17.0", 129° 37' 40.4")~(29' 11.1", 37' 54.3") 1 × 75

(35° 29' 10.0", 129° 37' 55.2")~(29' 03.2", 38' 09.4") 1 × 41

(35° 29' 01.2", 129° 38' 12.6")~(29' 00.0", 38' 15.8") 1 × 19

(35° 28' 58.9", 129° 39' 19.8")~(28' 56.6", 38' 27.2") 1 × 39 (강한 반응)

(35° 28' 53.7", 129° 38' 39.3 ") 유전 반응 1 × 49

(35° 28' 21.0", 129° 38' 25.2")~(28' 16.6", 38' 42.9") 1 × 56 유전 남북 방향

(35° 28' 06.2", 129° 40' 00.5")~(28' 02.6", 40' 07.8") 1 × 40

(35° 27' 55.6", 129° 40' 20.6")~(27' 53.2", 40' 35.8") 3 × 58 가스전 40° 방향

(35° 27' 51.5", 129° 40' 42.6")~(27' 49.7", 40' 51.1") 3 × 38 가스전 40° 방향

(35° 27' 50.6", 129° 42' 05.1")~(27' 53.8", 41' 34.6") 1 × 94 유전 남북 방향

(35° 27' 56.5", 129° 42' 01.9")~(27' 53.9", 42' 54.0") 1 × 180

(35° 27' 43.3", 129° 44' 29.6")~(27' 49.3", 44' 48.0") 3 × 61 가스전 30° 방향

(35° 27' 47.2", 129° 46' 01.3")~(27' 45.3", 47' 10.3") 1 × 235 유전 반응

(35° 27' 46.9", 129° 48' 10.2")~ (27' 47.1", 48' 23.8") 1 × 56

(35° 27' 35.6", 129° 49' 46.5")~(27' 24.7", 50' 18.2 ") 1 × 135

(35° 27' 11.3", 129° 50' 56.3")~(27' 05.6", 51' 16.1 ") 1 × 90

(35° 26' 46.6", 129° 52' 13.5")~(26' 40.6", 52' 34.7") 3 × 82 가스전 반응

(35° 26' 29.2", 129° 52' 40.9")~(26' 28.0", 50' 10.2 ") 4 × 97

(35° 26' 26.8", 129° 53' 13.6")~(26' 23.6", 53' 26.0 ") 3 × 44

(35° 26' 06.4", 129° 52' 58.4")~(25' 50.9", 54' 34.6 ") 1 × 153 유전 반응

(35° 25' 43.5", 129° 54' 46.0 ") 3 × 226 가스전 반응

(35° 25'31.6", 129° 56' 51.5")   3 × 36

(35° 25' 34.0", 129° 57' 19.7")~(25' 29.9", 57' 49.5 ") 1 × 138 유전 반응

(35° 25' 30.1", 129° 59' 29.7")~(25' 53.8", 59' 59.0 "; 가스생산 지점) 3 × 215

3. 국내외의 금광 반응 지역

저자의 탐사기술로써 지하의 광물자원도 탐사할 수 있는데, 이것은 각 광물에 따른 고유 반응이 있기 때문에 가능한 것이다.

과거 어느 지역에서 저자가 지하수를 탐사해서 천공케 했더니 지하 60m에서 수맥이 걸려서 지하수가 솟아올랐고, 땅바닥에는 누른 금색 모래 같은 것들이 수북이 쌓였다는 보고가 있어 현장에 가서 보니 작은 황금색 알갱이여서 모두들 놀랐던 일이 있다.

금, 은, 동 3가지 광물이 섞여 나오는 경우가 많다는 지질학자의 글을 읽은 적이 있기 때문에, 저자는 금, 은, 동을 구분해서 광물의 맥이 어느 방향으로 뻗어 있는지를 탐사했다. 금맥이 수맥과 우연히 겹친 지점을 천공해서 금, 은, 동 가루가 물과 함께 나온 것을 알게 되었다. 그래서 황금색 알갱이를 광물 분야 박사에게 보냈더니 금맥이 그 지점을 지나는 것을 확인해 주었다. 한때 저자는 전국에 '金' 자가 든 지명이나 산이나, 마을이 있는 곳에 갈 때마다, 또는 일부러 찾아가서 금맥 반응을 탐사해서 일지에 기록하곤 했는데 다음에 이를 소개한다.

1) 외국의 경우로는 캄보디아에서 금광 사업자의 안내로 금광지대를 여러 번 다녀왔다. 2010.6.25 탐사한 결과 금맥반응의 크기는 #10, #17, #16, #10 등이었다. 이 숫자는 금맥에 대한 저자 고유의 반응 크기로서, 큰 숫자일수록 금맥이 크다.

2) 국내 금맥반응이 특별히 높은 곳은

- 경남 양산시 #60
- 경기도 포천시 영북면 은장산 및 그 동쪽의 높은 산과 포천시 영중면 에서 철원으로 가는 국도에서 나타난 금맥반응 중에는 #60~#69

3) 국내 기타 금맥 지역
- 울산군 상북면 덕현 금산 #24
- 청도군 생금비리 #10. #11
- 창녕군 영산면 길곡리 금곡(35° 28' 37.1", 128° 34' 58.8") #21
- 창녕군 부곡면 금곡 #11, #21
- 사천시 정동면 소곡리 금곡(35° 01' 10.4", 128° 08' 40.1") #20
- 마산시 석전사거리 → 마산역 뒷산
        (35° 14' 53.7", 128° 34' 29.2") #15
        (35° 14' 52.4", 128° 34' 27.5") #15
- 마산시 상계동(중리) 용골 #8
- 함안군 여항면 주서리 지하수 시추지점 #6, #7

한반도에서는 북쪽으로 갈수록 높은 숫자의 금맥반응이 있을 것으로 짐작된다. 일제시대 전국의 유명한 금광은 대개 크고 깊은 금맥에서 좌우로 지표에 가까운 지층으로 나온 얕은 금맥을 따라서 굴착해 들어가다가 끝낸 것으로 보인다.
- 충북 음성군 금왕읍에서도 탐사했는데, 깊은 곳의 원맥은 모두 채굴한 것으로 보임
- 전북 김재의 금산사의 깊고 큰 금맥은 수십 크기의 금맥반응이 나타남

남미 칠레에서 지하 700m 금광에서 사고가 났다는 뉴스를 본 적이 있는데, 한국에서도 수백 미터 깊이에 금맥반응이 #60 정도 나오는 곳을 굴착한다면 많은 금을 산출할 수 있을 것으로 본다. 그리고 태평양 연안 즉 '불의 고리'에 화산이 많고, 그런 지역에 금맥이 많은데, 이는 화산 폭발에 따라 마그마가 분출할 때 지하의 어떤 광물이 여러 가지 조건에 의해서 금, 은, 동, 자수정, 철, 등이 한 곳으로 모여 광맥이 형성된 것으로 본다.

각각의 광물반응, 즉 텔레파시를 탐지해서 광맥을 찾는 기술이 바로 저자의 특수 기술인데, 저자만이 이 기술과 능력을 가진 특수한 사람일 수는 없다. 인간은 영혼을 지닌 이성적 동물로서 하느님이 창조하셨기 때문에, 누구나 갈고 닦으면 초능력 같은 기술을 발휘하여 인류에 봉사할 수 있을 것이다. 특히 마음을 비운 자세, 즉 물욕·명예욕·선입견·허영심을 버리고 기술연마를 계속하면 누구나 이 분야의 기술을 발전시킬 수 있다고 본다.

★ 지명地名사전은 반드시 있어야

쇠금(金) 자가 있는 지명에서 금맥을 탐사하면 거의 모두 금맥이 나오고, 따뜻할 온(溫) 자 또는 가마부(釜)가 있는 지명, 이를테면 온수동, 온정리, 가마골(釜谷), 부산, 부전동, 부항리 등에서 온천이 발견되고, 물수(水) 또는 샘천(泉) 자가 있는 운수동, 도천동, 대천동, 냉천동 등에서 수맥을 찾을 수 있다. 이와 같이 수천 년 동안 불리어 온 지명이 과거 그 지역의 역사적인 현상을 알려 주는 것을 알 수 있다.

저자는 이 기회에 지명사전이 꼭 필요하다는 것을 강조하고 싶다. 부디 훌륭한 학자가 전국 방방곡곡을 답사해서 모든 지명의 변천을 포함한 내력과 이름이 붙여진 유래 등을 세밀히 연구해서 한국지명대사전을 만든다면, 지하자원뿐만 아니라 정치·사회·교육 등 모든 분야에서도 매우 유용하게 활용될 수 있을 것이다. 저자가 젊어서 깨달았다면 '한국지명대사전'을 내고자 했을 텐데, 어느새 미수米壽에 가까운 나이에 아쉬움만 피력할 뿐이다.

4. 땅굴 관련 양심선언서, 진정서 및 민원답신

1974년 12월 2일부터 1사단의 요청으로 남침땅굴 탐사에 노력해 온 저자는 이제까지 관계당국에 수많은 진정서를 보냈고, 매번 장거리 남침땅굴을 부정하는 천편일률적인 민원답신을 받았으나, 모두 수록할 수는 없어 몇 건을 사진 파일로 수록한다.

A) 양심선언서(2014.12.8.)

a) 양심선언서(2014.12.8)에 대한 민원 회신문

민원 회신문

대통령비서실 애첨민원입니다.

안녕하십니까?

먼저 바쁘신 가운데서 국가안위가 염려되어 땅굴관련 민원을 제기하신 이종창님의 애국심에 깊은 감사를 드리며 접수된 민원이 업무소관기관인 합동참모본부 정보본부로 분류되어 다음과 같이 답신 드립니다.

첫째, 대한민국 후방지역 곳곳에 장거리땅굴이 들어와 있다는 주장에 대해, 이는 군사분계선으로부터 60km 이상 떨어져 있는 장거리 땅굴이 가능한지에 대한 문제로서, 기술적인 측면에서 버력(굴토시 나오는 폐석들) 및 배수 처리와 환기 문제 등을 고려하고, 도심 통과시, 지하철 및 지하 매설물 등의 통과가 불가피하게되는 점을 볼 때 장거리 땅굴은 과학적으로 굴설이 불가능하다는 것이 각 분야 전문가들의 의견이며, 軍의 입장 이기도 합니다.

둘째, 軍은 남침땅굴을 찾기 위해 철저하고 장기적인 계획 하에 매년 많은 국방예산과 병력 및 첨단 장비를 투입하여, 땅굴 의심지역을 대상 으로 시추 및 탐사를 수행함으로써 새로운 땅굴 발견을 위해 최선을 다하고 있습니다. 전방지역을 통과하지 않는 남침용 땅굴은 존재할 수 없으므로 현재 軍에서는 전방지역을 대상으로 남침용 땅굴을 찾기 위한 노력을 집중하고 있습니다.

셋째, 땅굴은 유사시 전쟁 승패 및 국가 존망과 직결된 중요한 요소로써, 軍은 결코 작은 징후라도 간과하지 않고 합리적이고 타당성 있는 근거가 제시되거나 특이징후가 있는 곳이라면 어디든지 달려가서 전문기관과 합동하여 과학적인 방법으로 확인하고 적시적절한 조치를 취하고 있습니다.

과거 1980년대부터 반복적으로 남침땅굴을 주장하는 민원인들의 요구에 의해 20여개 지역에서 500공이 넘게 시추 및 탐사를 실시하여 땅굴이 아님을 확인하였습니다. 민원인이 직접 참여한 가운데 軍은 시추, 탐사, 복토, 결과 현장설명회에 이르기까지 최선을 다하였으나 민원인들은 이를 아직도 인정하고 있지 않습니다.

결국 민원인들이 제시한 근거 없는 주장으로 군의 탐지전력이 낭비되었다는 것과 다르지 않습니다. 적의 위협에 대비한 군의 국가 및 국민에 대한 안전보장은 누가 뭐라 해도 묵묵히 그 사명을 다하는 것이지, 국민의 안보불안을 조장하는 의견에 일일이 귀 기울이는 것은 아닐 것입니다.

넷째, 지질자원연구원, 과학기술연구원을 비롯한 11개 전문 자문기관과 탐사 분석결과를 공유하고 조언을 받는 등 군·민 협력체계를 구축함으로써 탐지작전에 만전을 기하고 있습니다.

다섯째, 12월 1일부터 5일까지 땅굴 주장 현장(양주/남양주)에 軍 시추·탐사장비를 투입하여 공개 검증을 진행하였으나, 민원인과 같이 다우징을 통한 민간의 땅굴 주장이 허위임이 판명되었습니다.

이제 국민과 사회를 불안하게 만든 저들을 향해 돌팔매질을 할 준비가 되셨는지 묻고 싶습니다. 군을 불신하면 결국 그 피해는 저들이 아니라 선량한 국민들에게 돌아갈 것입니다.

군의 최선의 조치를 수긍하지 못하고 계속 합리적 근거 없는 땅굴 주장은 제발 자제되었으면 합니다. 민원인의 제2땅굴 발견 당시 다우징으로 주장한 지점이 실재 발견된 땅굴과 얼마나 많은 차이가 있었는지 본인께서 더욱 잘 알고 계실 겁니다.

차후 제기되는 3회째 동일 민원에 대해서는 민원사무처리에 관한 법률 시행령에 따라 답변 통지 없이 종결 처리됨을 알려 드립니다.

제4땅굴 유공자인 김세윤 박사는 "지질이 균일하지 않은 상태의 수백 미터 깊이에서 2m×2m 크기의 땅굴을 발견하는 것은 대양의 심해에서 유전을 찾는 것만큼 굉장히 어려운 일"이라고 하였습니다.

본 답변을 계기로 민원인의 안보불안이 해소되길 기대하며, 軍을 생각하는 이종창님의 애국심에 힘입어 軍은 어떠한 상황에서도 최선을 다할 것이므로, 이종창님께서는 우래 軍을 믿으시고 생업에 전념하시기 바라며, 가정에 평화와 행운이 함께 하기를 진심으로 기원합니다.

"국방민원서비스 향상을 위하여 만족도 평가를 실시하고 있으니,
번거로우시더라도 만족도 등록을 부탁드립니다."

업무담당 정보본부 대정보분석과 대정보지원담당 노 동 영(02-748-0244)

2014. 12. 26.
정보본부장

B) 문재인 대통령에게 보낸 진정서(2017.12.8.)

† 주님의 축복

1, 문재인 대통령께.
2, 광주 교구 최창무 대주교님 2차서
   김희중 주교회의 의장 대주교

저는 1974. 2. 2. 부터 국방부
논의 땅굴 탐사 26 회원으로 위촉 받은 이후 오늘까지 43년간 北의
땅굴 진전을 가서 탐사 해 왔읍니다

最近 서울북과 청와대. 자강도 의 예상 권오거점을 살펴서
시 저전과을 탐사했읍니다
전방 12기 사단 북방의 서울 부산 장거리 땅굴과 평창군 대화면
75Km 땅굴을 확인하여 가서 중입니다

문대통령께 광복의 말씀

1, 천진한 이 내 몸은 저의 양심 선언과 같은 내용으로 적어뜻은
   저의 이유이나 보상이나 사회 조직에 사과되은 일이 없기를 그리고
   국가 남북에 조율히 화해되길 바라며.

2, 장거리 17 터2 → 평창군 대화면 대화 3리 우리 동티 95㎞까
   는 내면 동계 올림픽 끝나되에 확인하여 관광코로 이용방향
   3, 서울중서 긴로 ① ② 서울역 (관악산서) ④화 의정석 북악산
      청와대 잠복홍선 60여 K㎞

4, 북의 ④화 연저 녹각박선. 난향쿡시 화도동서 등도 60여 K㎞

5, 북의 긴히 청로요(아갱) → 포천 영중로고선 동을 확인
   하역 세계 전사에 없는 긴로를 관 광으로 이용하면 경제에 도움되고
   세계 전쟁의 비한한에서 깨끗는히 조을 되앗 보변 합니다

서둘지 마시고. 또 억습 보느없워기를、조히 남북 화해롤.
혹시 관광으로 이익이 나오면 북에서도 너무 고섬한에 대한
이익을 50% 정도 둘헤 주서면 클겠웁니다

저의 명예나 장기간 바친 고섬에나 보상은 모두
하느님의 영과 으로 돌려 저어주선. 특수 달란트롤
최선을 다했음브 하느님께 감사드리고싶습니다
date 8 Dec. 2017. 천주교 마산교구 최부억폭 이충창 신부

첨부-2: 남침땅굴 2호선

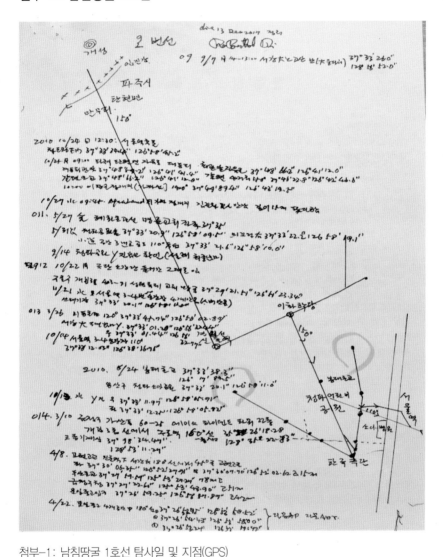

첨부-1: 남침땅굴 1호선 탐사일 및 지점(GPS)

첨부-3: 남침땅굴 4호선 탐사일 및 지점(GPS)

첨부-4: 남침땅굴 6호선 탐사일 및 지점(GPS)

첨부-5: 남침땅굴 10호선 탐사일 및 지점(GPS)

첨부-6: 남침땅굴 17-2호선 탐사일 및 지점(GPS)

b) 진정서(2017.12.8)에 대한 민원 회신문

"국민과 함께하는 열린 국방, 튼튼한 국방"

합 동 참 모 본 부

수신 내부결재

(경유)

제목 민원회신문(민원인 이종창) 보고

1. 관련근거

　가. 민원처리에 관한 법률('16.2.12) 제 27조(처리결과의 통지)

　나. 국민신문고 신청번호('17. 12. 12.) 1BA-1712-107675(민원인 이종창)

　　★ 제목 : **'남침땅굴 신고'**

2. 위 관련근거에 의거 대통령비서실 이첩 민원에 대한 답변내용을 아래와 같이 보고 합니다.

　가. 민원 요지

　　1) 최근 서울역·청와대·창경궁의 예상 출구지점 일때까지 굴진한 것을 탐사한 결과, 전방 12개 사단 사령부·서울 중심·평창군 대화면 95km까지 장거리 땅굴 굴설 확인 및 감시 중

　　2) 최근 확인한 땅굴 1호(김포), 2호(서울), 4호(의정부 북악산), 6호(동두천, 연천 백학), 10호(철원, 김화), 17-2호(평창군 대화면) 등을 찾아 안보 관광지로 개발하고, 이익이 발생하면 "북한이 고생 많으니 이익을 50% 돌려주시면 좋겠다"라는 취지의 민원

　나. 주요 회신 내용

　　1) 우리 군은 1974년 '26위원회'를 발족하여 현재까지 땅굴을 탐지하고 있으며, 민간 과학기술자(지질, 탐사신호, 최신 공법) 자문을 통해 최신 과학기술을 적극 활용하고 있음

　　2) 땅굴이 존재한다면 반드시 MDL을 통과할 것이기에 지뢰와 적의 위협에도 불구하고 DMZ일대에서 매년 땅굴탐지작전을 수행하고 있으며, 후방 땅굴민원지역 24개소(남양주, 현충원 등)에 600여공 시추·탐사 결과 단 한 개의 땅굴도 발견된 바 없음

　　3) 기 발견된 2·3·4땅굴은 현재 지방자치단체에서 관광지로 활용하고 있으며, 향후 추가 땅굴 발견 시 안보관광지 개발이 가능할 것으로 사료된다고 답변 드림

　다. 조치 : 국민신문고 민원 답신

붙 임 : 민원접수문, 민원회신문 각 1부. 끝.

민원·회신문

안녕하십니까?

'남침땅굴 신고'라는 민원을 제기하신 이종창님의 애국심에 깊은 감사를 드리며, 본 민원은 대통령비서실 이첩민원으로 업무소관 기관인 합동참모본부 정보본부에서 아래와 같이 답신 드립니다.

제기하신 민원의 요지는

① 민원인은 1974. 2. 2부터 국방부 땅굴탐사 26위원으로 위촉받아 현재까지 43년간 땅굴 굴진을 감시하고 있는데,

② 최근 서울역·청와대·창경궁의 예상 출구지점 일대까지 굴진한 것을 탐사한 결과, 전방 12개 사단 사령부·서울 중심·평창군 대화면 95km까지 장거리 땅굴이 굴설되어 있는 것을 확인하였으니,

③ 이와 관련된 땅굴 1호(김포), 2호(서울), 4호(의정부 북악산), 6호(동두천, 연천 백학), 10호(철원, 김화), 17-2호(평창군 대화면) 등을 찾아 안보 관광지로 개발하고, 이익이 발생하면 "북한이 고생 많으니, 50%정도 돌려주면 좋겠다"는 취지로 이해됩니다.

첫째, 민원인께서 잘 알고 계신 것 같이 우리 軍은 **1974년 '26위원회'를 발족하여 현재까지 땅굴탐지작전을 수행하고 있으며, 특히 민간 과학기술자 자문(지질, 탐사신호, 최신 공법)** 등을 통해 최신 탐지기술을 적극 활용하고 있습니다.

둘째, 땅굴이 존재한다면 반드시 군사분계선(MDL)을 통과할 것이기에, 지뢰와 敵의 위협에도 불구하고 **DMZ일대에서 매년 땅굴탐지 작전을 수행**하고 있습니다. 또한 후방지역에서 땅굴 민원이 제기됨에 따라 **주요 24개 지역(남양주, 서울 현충원, 대전 계룡대 등)을 선별하여 600여공을 시추·탐사한 결과, 단 한 개의 땅굴도 발견된 바 없었습니다.**

셋째, 旣 발견된 4개의 땅굴 중 DMZ내 위치한 1땅굴을 제외한 **2·3·4 땅굴은 현재 지방자체단체에서 안보 관광지로 활용**하고 있으며, 이후에도 우리 軍이 땅굴을 찾는다면 해당 지방자치단체에서 안보 관광지로 개발할 수 있을 것으로 사료됩니다.

끝으로 우리 軍은 敵의 땅굴 굴설 징후를 계속 추적하여 'DMZ를 통과하는 땅굴이 단 한 개도 없다고 확신할 때 까지 최선을 다해 땅굴탐지작전을 수행할 것이며, 제안해주신 내용과 자료는 관련부서에서 잘 활용하겠습니다.

국가의 안보를 염려하시는 이종창님의 애국심에 다시 한 번 깊이 감사드리며, 더욱 행복하시고 건강하시길 진심으로 기원 드립니다.

정보본부 업무담당자 서기관 이성재 (02-748-0244)

2017. 12. 14.   정보본부장

1) 0시 12/19 14:54 ㊀ 원주응 대기 담 ㊀ 뭐 · 20응 후에 자리에 물러 리란

16:20께 이성재 ㊀ 왔음

1.   [현실히 알고싶으면 내 낭에서 직접모임
      낙수 전갱상 고곳으로 잘 가서 본응

C) 문재인 대통령에게 보낸 진정서(2018.10.20.)

✝ 主님의 平和

文재인 대통령께.

서울역 큰문(청파어린이공원 앞마) 려녕예상
줄구선과 창영중 예상 줄구 티녁 합시걸라

1. 서울역은 이수 12/5 라순이죽 이죽 1851/5 반라
   업나삿스리 그 이죽 018 （이16 라삿하겟과
   만라재로줄 거나서 손기정 공원으로들어갓음
   을 라였라.

2. 창영중내의 예상줄구노 바닉(거라)엽 라사서줄
   018 5/5 라그이후 018 （이16 라걸 라엇서
   산을 년여 갓하늠 예상억죽노 4상영랑 마증이나
   창력중 내씨 바그줄 여나용라고?

   남북 싸운엄이 라해 러가운위라 기르하나라
   dip 20 09 2018.
   이 줒참선보 Rout Bott R

첨부-1: 남침땅굴 2호선의 서울역 주변 침투도

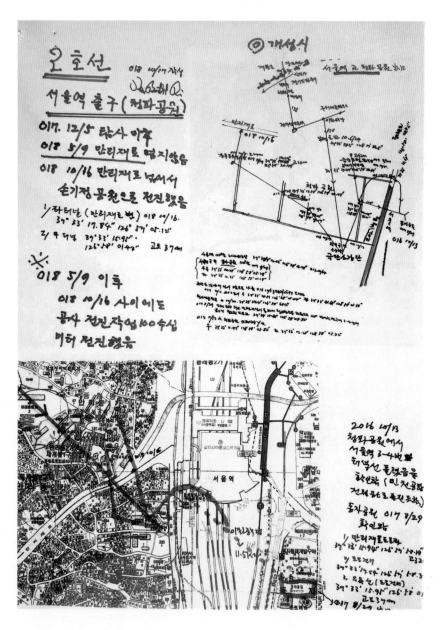

첨부-2: 남침땅굴 4호선의 창경궁 주변 침투도

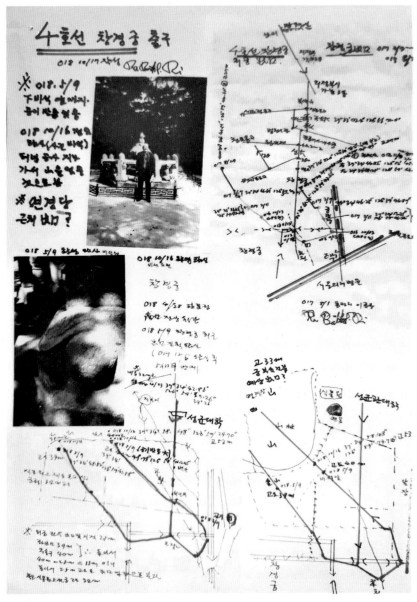

문재인 대통령에게 보낸 진정서(2018.10.20)에 대한 민원 회신문 없었음.

에필로그

벙어리 냉가슴 앓기

한 순간도 변함없이 천주교 사제로서 부끄럽지 않게 살겠다는 마음을 가다듬으면서 살아 온 지난 72년(1948~2020)의 인생이 피 눈물로 얼룩져 버렸다. 하느님의 특별한 은혜로 남들이 못 가지는 과학적인 심령 탐지능력을 체득한 것으로 인해, 끝내 저자는 이처럼 심장이 찢어지는 아픔을 맞게 되었다.

1972년 12월 2일 1사단의 요청으로 파주시 광탄면에서 처음 탐사한 이래 45년간 땅굴을 탐사하면서, 불꽃에 손가락 데듯이 너무나 확실한 땅굴 반응을 탐지해서 그 깊이까지 확인해 주어도 믿어 주지 않는 군 당국의 시각과 정책에 대한 실망과 분노를 억누르면서, 이 후기를 쓰고 있다.

장거리 남침땅굴을 요약하면

- 평창군 대화면의 대화4리, 대화3리 및 개수리로 뻗은 땅굴(17-2호선)은 군사분계선에서 약 95km 남하했고, 평창군 용평리에서 원주초등학교로 뻗은 땅굴은 총 길이 135km까지 확인했다.
- 서울을 목표로 한 2개의 남침땅굴 가운데 하나인 2호선의 땅굴 가운데 하나는 호암산(삼성산, 관악산)까지 남하했는데 군사분계선에서 약 70km에 달하고,
- 창경궁과 청와대로 뻗은 4호선과 남양주시 화도읍으로 뻗은 6호선도 약 60km에 달한다.

우리 국토의 지하가 이렇게 침투당하는 충격적인 위기상황에서 국민은 군 당국을 어떻게 대해야겠는가? 지하는 대한민국의 땅이 아니고, 지상과 바다만 지키면 국가는 안전하다는 말인가?

45년간 땅굴탐사에 관여해 오면서, 여러 번 TV방송에 출연하여 완벽한 증거로써 장거리 남침땅굴의 존재를 설명한 것 외에도 대통령을 비롯한 관계기관의 최고위층에게 진정서와 양심선언서 등으로 호소했지만, 그들이 저자를 불러 의논한 적이 없다. 돌아온 것은 언제나 2~3km 이내의 단거리 땅굴에 불과한 '제1~4땅굴 외에는 없으니 안심하고 생업에 힘쓰라'는 관련기관의 천편일률적인 회신뿐이었다.

한편, 이제까지 시추 또는 천공으로 땅굴의 확실한 증거를 보여 주어도, 남침땅굴의 존재를 부정하는 군 지휘관들이 적지 않았다. 그러나 1980년대 이후에는 이와 같이 장거리 남침땅굴의 존재를 부정하거나 외면하는 것이 국방부와 육군본부의 대세가 되어버린 것 같다.

심지어 2014년 9월에는 일산 9사단 정문 인근의 택지 조성 도중 노출된, 뻥 뚫린 남침땅굴도 '지하 농업용 수로'라며 터무니없는 궤변으로 부정하고 있는데, 그들은 국군의 지휘관이 맞는가? 어찌 국민이 그들을 용서할 수 있겠는가!

그들은 매달 월급을 받고 퇴역 후에도 죽을 때까지 국가로부터 연금이라는 보상을 받는다. 그럼에도 평민 신분으로 여비나 식비 한 번 받지 않고 수십 년간 마산에서 전방을 수없이 오가면서 국가에 바친 저자의 노력과 희생을 한번이라도 생각한 적이 있는가?

도리어 그들은 저자와 민간탐사자들을 '미신이나 믿는 점쟁이' '거짓말하는 땅굴탐사 무리들' '땅굴 하면 약방에 감초같이 끼어드는 어느 신부'라고 매도하면서, 온갖 사기-쇼를 벌이면서 자기들의 판단만이 옳다고 뭉개왔던 것이다. (예병주 저 2015.1.30 출간 『땅굴의 진실과 신비의 DMZ』 참조)

　제발 하루 빨리 이 땅에 평화의 시대가 도래해서, 세계에 유래가 없는 수많은 남침땅굴을 관광자원으로 이용할 수 있으면 좋겠다. 저희들 죄인을 불러 진심으로 뉘우치게 하시러 오셨던 예수님, 저희들을 불쌍히 여기소서!

　끝으로 심령과학 분야에서 더욱 뛰어난 후배가 나와서, 이 심령탐사 기술로써 인류의 평화와 삶의 질을 향상시키는 데 크게 기여하기를 희망한다.

　특히 겨울과 봄이 되면 한반도와 일본을 엄습해서 고통을 주는 황사를 방지할 수는 없을까? 저자가 두 번 중국 내몽고를 방문해서 탐사했더니 지하수맥이 널리 분포되어 있었다. 광활한 사막과 황무지를 풍력이나 태양광 발전으로 지하수를 이용해서 초원과 농경지로 만들어 황사 없는 동북아가 되기를 기도할 것이다.